计算机专业"十四五"精品教材

U0462632

Web
前端开发技术

（HTML5+CSS3+jQuery）

主　编◎亢娟娜　魏衍君　谢远福

副主编◎万　波　安姝俊　王　振

宋博飞　孙展宏　侯艳芳

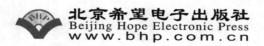
北京希望电子出版社
Beijing Hope Electronic Press
www.bhp.com.cn

内 容 简 介

本书以 Web 前端开发为主线组织内容，系统地阐述了 Web 前端技术的基本知识、使用方法和应用技巧。全书共 11 章，内容涵盖 Web 基础知识、网页图文的设计、HTML 中列表的应用、表格和链接的应用、网页多媒体的应用、网页中表单的应用、CSS 知识概述、CSS 常用属性、渐变和转换、盒子模型、jQuery 的简单应用等。书中包含了大量的实例，并设置了课堂演练和针对性较强的课后作业等知识版块，帮助读者加深理解和巩固所学知识，增强综合应用能力。

本书还提供了课程资源包，其中包含本书所有的示例文件、教学课件等，以期能帮助读者轻松掌握本书的重点和难点内容。

全书结构清晰，用语通俗，图文并茂，既适合作为应用型本科和职业院校计算机、电子商务等专业相关课程的教材，也适合作为广大网页开发爱好者的参考用书。

图书在版编目（ＣＩＰ）数据

Web 前端开发技术：HTML5+CSS3+jQuery / 亢娟娜,

魏衍君，谢远福主编. -- 北京：北京希望电子出版社,

2024. 9. -- ISBN 978-7-83002-895-4

Ⅰ. TP312.8；TP393.092.2

中国国家版本馆 CIP 数据核字第 202435CT69 号

出版：北京希望电子出版社

地址：北京市海淀区中关村大街 22 号

中科大厦 A 座 10 层

邮编：100190

网址：www.bhp.com.cn

电话：010-82620818（总机）转发行部

010-82626237（邮购）

经销：各地新华书店

封面：赵俊红

编辑：付寒冰

校对：石文涛

开本：787 mm×1 092 mm   1/16

印张：18

字数：461 千字

印刷：三河市中晟雅豪印务有限公司

版次：2025 年 1 月 1 版 1 次印刷

定价：59.80 元

随着互联网技术的飞速发展，HTML、CSS、JavaScript等前端开发技术也逐渐成熟。作为当前主流的前端开发技术，HTML5和CSS3奠定了Web开发的基础，而jQuery的应用使Web前端开发更加便捷和高效。为了适应当前信息社会的发展，掌握Web前端开发技术是非常有必要的。为此，我们组织了一批富有网页设计经验的高校教师，共同策划编写了本书，以期能够帮助读者快速地掌握Web开发技能，提升实际操作能力，从而更好地融入社会相关行业。

写/作/特/色

1．从零开始，快速上手

无论读者是否接触过Web前端开发技术，都能从本书获益，快速掌握网页制作技能。

2．面向实际，精选案例

本书以Web前端开发技术为内容主线，书中配有示例文件，真正实现学以致用。

3．举一反三，触类旁通

每章最后的课后作业让读者加以巩固，以帮助读者切实掌握本章知识点。

4．书云结合，互动教学

本书中的配套数字资源将通过官方微信公众号、微博和出版社网站提供，其内容与书中知识紧密结合并互相补充。

本书结构合理、讲解细致，特色鲜明，侧重于综合职业能力与职业素养的培养，融"教、学、做"为一体，适合应用型本科、职业院校、培训机构作为教材使用。

本书由亢娟娜（甘肃畜牧工程职业技术学院）、魏衍君（商丘职业技术学院）、谢远福（广西开放大学）担任主编，万波（江西旅游商贸职业学院）、安姝俊（四川希望汽车职业学院）、王振（江西工业工程职业技术学院）、宋博飞(青岛求实职业技术学院)、孙展宏（广州市从化区职业技术学校）、侯艳芳（周口职业技术学院）担任副主编，这些老师在长期的工作中积累了大量的经验，在写作的过程中始终坚持严谨细致的态度、力求精益求精，但书中疏漏之处仍在所难免，希望读者朋友批评指正。

编　者
2024年8月

第3章 HTML中列表的应用

第4章 表格和链接的应用

第5章 网页多媒体的应用

第6章　网页中表单的应用

第7章　CSS知识概述

第8章　CSS常用属性

第 **1** 章

Web 基础知识

内容概要

　　Web前端开发起源于传统的网页制作，随着互联网的发展，网站的前端也经历了巨大的变化。如今，网页不仅局限于文字和图片，还融合了各种富媒体内容，使得网页更加生动。同时，软件化的交互形式又为用户提供了更好的体验，这些都得益于前端技术的进步。本章将简单介绍Web的基础知识，为学习后面的内容打下坚实的基础。

数字资源

【本章示例文件】："示例文件\第1章"目录下

1.1 什么是Web

万维网（world wide web，WWW）简称"Web"，是一个由互联网提供的全球性信息系统，它通过超文本链接将全球各地的信息资源连接在一起，使用户能够方便地访问和共享信息。Web的主要组成包含网页、网站、浏览器、服务器、超文本传输协议等。其中：

- 网页是Web上的基本信息单位，它通常包含文字、图片、音频、视频等多媒体内容。网页通常使用HTML（hypertext mark language，超文本标记语言）编写，通过浏览器进行展示。
- 网站是由多个网页组成的集合，通常具有统一的主题和结构，网站通过一个唯一的域名进行访问。
- 浏览器是用户访问Web的主要工具，它能够解析和展示网页内容。
- 服务器是存储和提供网页内容的计算机系统。当用户在浏览器中输入网址时，浏览器向服务器发送请求，服务器响应并返回相应的网页内容。
- 超文本传输协议包含HTTP/HTTPS，HTTP（hypertext transfer protocol，超文本传送协议）是Web上信息传输的基础协议，它定义了客户端（浏览器）和服务器之间的通信规则。HTTPS（hypertext transfer protocol secure，超文本传输安全协议）是HTTP的安全版本，通过SSL（secure socket layer，安全套接字层）/TLS（transport layer security，传输层安全协议）协议对数据进行加密，确保信息传输的安全性。

Web是一个强大的信息系统，它通过互联网将全球的信息资源连接在一起，使用户能够方便地访问、共享和交互信息。Web的主要特点如下：

- **全球性**。Web通过互联网连接全球的计算机和信息资源，用户可以在任何地方访问Web上的内容。
- **超文本**。Web使用超文本链接将不同的网页和资源连接在一起，用户可以通过单击链接在不同的网页之间导航。
- **多媒体**。Web支持多种媒体形式，包括文字、图片、视频、音频等，使网页展示的信息更加丰富和生动。
- **交互性**。Web支持用户与网页内容的交互，可以通过表单、按钮、脚本等实现复杂的用户操作和反馈。

■1.1.1　Web的工作原理

了解了Web的组成和特点之后，还需要知道Web是如何工作的，这样才能更好地理解后面的内容。图1-1所示为Web的工作原理示意图。

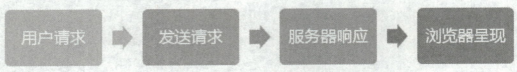

图 1-1　Web 的工作原理示意图

1. 用户请求

用户在浏览器中输入网址，浏览器将生成一个HTTP请求。

浏览器的主要功能就是向服务器发出请求，在浏览器窗口中展示用户选择的网络资源。这里所说的资源一般是指HTML文档，也可以是PDF、图片或其他类型的文件。资源的位置由用户使用URL（unified resource location，统一资源定位符）指定。

浏览器解释并显示HTML文件的方式是在HTML和CSS（cascading style sheets，串联样式表）规范中指定的。这些规范由网络标准化组织W3C（World Wide Web consortium，万维网联盟）进行维护。过去，不同浏览器对这些规范的支持程度不一，并且各自开发独有的扩展程序，这给网络开发人员带来了严重的兼容性挑战。如今，大多数的浏览器都是较好地遵从规范，从而减少了开发困难。

浏览器的用户界面有很多彼此相同的元素，其中包括：

- 用来输入URL的地址栏。
- 前进和后退按钮。
- 书签设置选项。
- 用于刷新和停止加载当前文档的刷新和停止按钮。
- 用于返回主页的主页按钮。

2. 发送请求

浏览器将HTTP请求发送到对应的Web服务器。Web服务器是指驻留于互联网上某种类型计算机的程序，它可以向发出请求的浏览器提供文档。当Web浏览器（客户端）连到服务器上并请求文件时，服务器将处理该请求并将文件反馈到该浏览器上，附带的信息会告诉浏览器如何查看该文件（即文件类型）。Web服务器不仅能够存储信息，还能运行脚本和程序。

3. 服务器响应

服务器接收到请求后，查找对应的网页内容，并将其打包成HTTP响应返回给浏览器。换句话说，服务器使用HTTP与客户机浏览器进行信息交流，这就是人们常把它们称为HTTP服务器的原因。

4. 浏览器呈现

浏览器接收到服务器的响应后，解析HTML、CSS和JavaScript代码，并将网页内容呈现给用户。

■1.1.2　Web前端开发

Web前端是指用户在浏览器中直接看到和交互的部分，通常包括网页的结构、布局、样式和动态行为。Web前端开发是创建用户界面的关键环节，它通过多种技术和工具，确保网页在视觉效果、功能性和用户体验方面达到预期的效果。可以说，Web前端的职责主要包含以下4个方面。

- **实现设计**：将设计师提供的视觉设计和交互设计转化为实际的网页。

- **优化性能**：确保网页加载速度快，响应迅速，提供良好的用户体验。
- **跨浏览器兼容性**：确保网页在不同的浏览器和设备上都能正常显示和运行。
- **交互功能**：实现用户与网页的交互功能，如表单提交、动态内容更新、动画效果等。

Web前端开发的主要任务是通过编写HTML、CSS和JavaScript代码，将设计师的视觉设计和用户体验（user experience, UX）设计转化为实际的网页界面。

1. Web前端开发的主要技术

HTML：它是构建网页结构的标记语言，用于定义网页的内容和结构。它使用标签（tags）来标记文字、图片、链接、表单等元素。

CSS：它是描述网页样式的语言，用于控制网页的视觉效果和布局，提升用户体验。它包括颜色、字体、布局、动画等。

JavaScript：它是一种脚本语言，用于为网页添加动态行为和交互功能。通过JavaScript，开发者可以实现用户输入验证、动态内容更新、动画效果等功能。

2. Web前端开发的框架和库

为了提高开发效率和代码质量，Web前端开发通常使用一些框架和库。

（1）前端框架

前端框架有多种，例如：

- **React**：由Facebook开发的JavaScript库，用于构建用户界面，特别是单页Web应用（single page web application, SPA）。
- **AngularJS**：由Google开发的前端框架，提供了全面的解决方案，适合大型应用的开发。
- **Vue.js**：轻量级JavaScript框架，易于上手，适合中小型项目。

（2）CSS框架

- **Bootstrap**：流行的CSS框架，提供了丰富的预定义样式和组件，能够帮助用户快速构建响应式网站。
- **Tailwind CSS**：一种非常实用的CSS框架，强调原子化的CSS类，并允许开发者灵活地定制样式。

（3）JavaScript库

JavaScript库是一系列预写好的JavaScript代码集合，可以帮助开发者减少开发时间和难度。

jQuery是一种广受欢迎的JavaScript库。它简化了HTML文档遍历、事件处理、动画和Ajax（asynchronous Javascript and XML，异步JavaScript和XML）交互，尽管现在使用频率有所下降，但在许多项目中仍然被广泛使用。

1.2　HTML概述

HTML是超文本标记语言，不同于C、Java或C#等编程语言，它是一种标记语言（markup language）。标记语言是由一套标记标签（markup tag）组成的，如<html></html>、<head></head>、<title></title>、<body></body>等。HTML就是使用这些标记标签来描述网页的。

■1.2.1 什么是HTML

HTML是标记语言，它是不直接在浏览器中显示的，而是要经过浏览器的解释或编译，才能正确地反映HTML标记语言的内容。HTML经过多年的不断完善，从单一的文本显示功能到多功能互动，是一款非常成熟的标记语言。

不同于编程语言，HTML是一种描述性的标记语言，用于描述超文本中内容的显示方式。文字以什么颜色显示在网页上，文字大小的定义等，这些都是利用HTML标记完成的。HTML最基本的语法是：<标记符>内容<标记符>。标记符也称标签，通常都是成对使用，有一个开头标记和一个结束标记。结束标记是在"标记符"的前面加"/"，即</标记符>。当浏览器收到HTML文件后，就会解释其中的标记符，最后把标记符所对应的内容显示在页面上。

例如，在HTML中，用<B></B>标记符定义文字粗体，当浏览器遇到<B></B>标签时，会把<B></B>标记中的所有文字以粗体样式显示出来。

HTML的格式非常简单，只是由文字及标记组合而成。使用任何文本编辑器都可以创建或编辑HTML文件，只要能将文件另存成ASCII纯文本格式即可。当然，使用专业的网页编辑软件会更加方便。设计HTML语言的目的是把存放在一台计算机中的文字或图形与另一台计算机中的文字或图形方便地联系在一起，形成一个有机的整体。人们不用考虑具体信息是在当前计算机上还是在网络的其他计算机上，只需要使用鼠标在某一文档中单击一个图标，就会马上转到互联网中与此图标相关的内容上去，而这些信息可能存放在网络的另一台计算机中。HTML文本是由HTML标签组成的描述性文本，HTML标签可以说明文字、图形、动画、声音、表格、链接等。HTML文本的结构包括头部（head）和主体（body）两大部分，其中，头部描述浏览器所需的信息，而主体则包含所要说明的具体内容。

■1.2.2 HTML的发展历程

自20世纪90年代初以来，HTML经历了多个版本的演变和发展。下面是对HTML发展历程的简单介绍。

1. HTML 1.0

HTML的起源可以追溯到1991年，当时蒂姆·伯纳斯-李（Tim Berners-Lee）在欧洲核子研究组织（European Organization for Nuclear Research, CERN）工作时，提出了一个简单的标记语言，用于在网络上展示文档。HTML 1.0是一个非常基本的版本，包含了少量的标签，用于创建超链接、段落、标题、列表等基本元素。

2. HTML 2.0

1995年，HTML 2.0是由因特网工程任务组（Internet engineering task force, IETF）标准化的第一个版本，标志着HTML开始向标准化方向发展。该版本增加了更多的标签和属性，如表格、表单元素等，增强了网页的功能性。

3. HTML 3.2

1997年，由W3C接管了HTML的标准化工作。3.2版引入了更多的表现性元素，如<font>标签、<table>标签等，进一步增强了网页的设计能力。

4. HTML 4.0

HTML 4.0分为三个版本：Strict、Transitional和Frameset，分别针对不同的开发需求。同时，强调使用CSS来控制网页的样式，减少了HTML中的表现性元素。到1999年，修订版HTML 4.01发布，修正了一些错误和改进了规范的描述。这个版本被广泛使用，并且在很长一段时间内成为Web开发的标准。

5. HTML5

2014年由WHATWG（Web Hypertext Application Technology Working Group，网络超文本应用技术工作组）和W3C共同开发的HTML5正式发布。这是HTML的一个重大更新版本，引入了大量新元素和API（application program interface，应用程序接口），如<canvas>、<video>、<audio>、<article>、<section>等，增强了多媒体和语义化支持。同时，增加了对本地存储、离线应用、WebSocket、地理位置、拖放API等现代Web应用功能的支持。

HTML作为Web的基础技术，将继续随着互联网技术的发展而演进。未来可能会引入更多的新特性和API，以支持更丰富的Web应用场景。

总的来说，HTML从一个简单的标记语言发展成为支持复杂Web应用的强大工具，经历了多个版本的演变，每一次更新都为Web开发带来了新的功能和更好的用户体验。

1.3　HTML文件的基本标记

一个完整的HTML文档必须包含3个部分：<html>标签定义文档版本信息，<head>标签定义各项声明的文档头部，<body>标签定义文档的主体部分。

■1.3.1　开始标签<html>

<html>与</html>标签限定了文档的开始点和结束点，在它们之间是文档的头部和主体。

语法描述：

```
<html>...</html>
```

例如：

```
<html>
<head>
  这里是文档的头部……
</head>
<body>
  这里是文档的主体……
</body>
</html>
```

■1.3.2　头部标签<head>

<head>标签用于定义文档的头部，是所有头部元素的容器。使用<head>中的元素可以引用脚本、指示浏览器在哪里找到样式表、提供元信息，等等。文档的头部描述了文档的各种属性和信息，包括文档的标题、在Web中的位置、和其他文档的关系等。绝大多数文档头部包含的数据都不会真正作为内容显示给读者。

语法描述：

```
<head>...</head>
```

例如：

```
<html>
<head>
  文档的头部……
</head>
<body>
  文档的内容……
</body>
</html>
```

■1.3.3　标题标签<title>

<title>标签用于定义文档的标题。浏览器会以特殊的方式来使用标题，并且通常把它放置在浏览器窗口的标题栏或状态栏上。当把文档加入用户的链接列表或收藏夹或书签列表时，标题将成为该文档链接的默认名称。

语法描述：

```
<title>...</title>
```

例如：

```
<html>
<head>
  <title>XHTML Tag Reference</title>
</head>
<body>
  The content of the document...
</body>
</html>
```

<title>定义文档的标题，它是head部分中唯一必需的元素。

■1.3.4　主体标签\<body\>

\<body\>标签用于定义文档的主体，包含文档的所有内容，如文字、超链接、图片、表格和列表等。

语法描述：

```
<body>...</body>
```

例如：

```
<html>
<head>
  <title>文档的标题</title>
</head>
<body>
  文档的内容……
</body>
</html>
```

■1.3.5　元信息标签\<meta\>

\<meta\>标签用于提供有关页面的元信息（meta-information），如针对搜索引擎和更新频度的描述和关键词。\<meta\>标签位于文档的头部，不包含任何内容。\<meta\>标签的属性定义了与文档相关联的名称/值对。

\<meta\>标签永远位于head元素内部。name属性提供了名称/值对中的名称。

语法描述：

```
<meta name="description/keywords" content="页面的说明或关键词">
```

例如：

```
<html>
<head>
  <meta name="description" content="页面说明">
  <title>文档的标题</title>
</head>
<body>
  文档的内容……
</body>
</html>
```

■1.3.6　<!DOCTYPE>标签

　　<!DOCTYPE>声明必须是HTML文档的第1行，位于<html>标签之前。<!DOCTYPE>声明不是HTML标签，它是指示Web浏览器关于页面使用哪个HTML版本进行编写的指令。

```
<!DOCTYPE html>
<!doctype html>
<html>
<head>
  <title>文档的标题</title>
</head>
<body>
  文档的内容……
</body>
</html>
```

　　注意：<!DOCTYPE>声明没有结束标签，且不限制大小写。

1.4　初识HTML5

　　HTML5是Web开发的一次重大进步，提供了更丰富的语义化标签、增强的多媒体支持、更强大的图形和绘图能力、改进的表单处理、本地存储和离线支持等新特性。这些改进使得Web应用的功能更加强大，用户体验更好，为开发者提供了更加灵活和高效的开发工具。

■1.4.1　HTML5的优势

　　相比以前的HTML，HTML5有一些明显的优势。

1. 新元素和语义化标签

HTML5引入了许多新的语义化标签，这些标签使文档结构更加清晰、更有意义，例如：
- **<header>**：定义页面或章节的头部。
- **<footer>**：定义页面或章节的底部。
- **<article>**：表示独立的内容块，如文章或博客帖子。
- **<section>**：表示文档中的一个章节。
- **<nav>**：定义导航链接的部分。
- **<aside>**：表示与主内容相关的侧边内容。

2. 多媒体支持

HTML5大大增强了对多媒体内容的支持，提供了内置的标签来处理音频和视频，例如：
- **<audio>**：用于嵌入音频文件。
- **<video>**：用于嵌入视频文件。

3. 图形和绘图

HTML5引入了新的API处理图形和绘图。例如，<canvas>用于通过JavaScript绘制2D图形和图像；SVG（scalable vector graphics，可缩放矢量图形）用于定义矢量图形，可以直接嵌入HTML文档中。

4. 表单增强

HTML5增强了表单的功能，提供了更多的输入类型和属性，例如，新的输入类型email、url、number、range、date、color等，新的属性placeholder、required、pattern等。HTML5还提供了更多验证方式，丰富了用户体验，大大增强了表单的功能。

5. 本地存储

HTML5提供了新的本地存储机制，用于在客户端存储数据。例如，localStorage用于存储持久化的数据，这些数据不会随着页面刷新或浏览器关闭而丢失。sessionStorage用于存储会话数据，这些数据在页面会话结束时（如浏览器关闭等）会被清除。

6. 离线支持

HTML5引入了离线应用缓存机制，使得Web应用可以在没有网络连接的情况下继续运行。

7. 新API和功能

HTML5还引入了许多新的API和功能，以支持现代Web应用的需求，例如：

- **Geolocation API**：获取用户的地理位置。
- **Web Workers**：在后台线程中运行JavaScript，提高应用性能。
- **WebSocket**：实现双向通信，适用于实时应用。
- **Drag and Drop API**：实现拖放操作。

8. 简化的文档结构

HTML5简化了文档的结构和语法，取消了对某些元素的严格要求，例如，不再需要DTD（document type definition，文档类型定义）声明，只需使用简单的<!DOCTYPE html>即可。此外，标签的闭合和属性值的引号变得更加灵活。

■ 1.4.2 HTML5元素分类

HTML5新增了很多元素，也废除了不少元素。根据现有的标准规范，把HTML5的元素按等级定义为结构性元素、级块性元素、行内语义性元素和交互性元素四大类。

1. 结构性元素

结构性元素主要负责Web的上下文结构的定义，确保HTML文档的完整性。这类元素包括：

- **section**：在Web页面应用中，该元素可以用于区域的章节表述。
- **header**：页面主体中的头部，注意区别于head元素。head元素中的内容往往是不可见的，header元素往往在一对body元素之中。
- **footer**：页面主体中的底部，通常会在这里标出网站的一些相关信息，如"关于我们""法律声明""邮件信息"和"管理入口"等。

- **nav**：专用于菜单导航、链接导航的元素。
- **article**：用于表示一篇文章的主体内容，一般是文字集中显示的区域。

2. 级块性元素

级块性元素主要完成Web页面区域的划分，确保内容的有效分隔。这类元素包括：

- **aside**：用于表示注记、提示、侧栏、摘要、插入的引用等补充主体的内容。从一个简单页面显示上看，就是侧边栏，可以在左边，也可以在右边。从一个页面的局部看，就是摘要。
- **figure**：用于将多个元素组合并展示，通常与figcaption元素联合使用。
- **code**：用于表示一段代码块。
- **dialog**：用于表达人与人之间的对话，该元素还包括dt和dd两个组合元素，它们常常同时使用，dt用于表示说话者，而dd用来表示说话者所说的内容。

3. 行内语义性元素

行内语义性元素主要完成Web页面具体内容的引用和表示，是丰富内容展示的基础。这类元素包括：

- **meter**：用于表示特定范围内的数值。
- **time**：用于表示时间值。
- **progress**：用于表示进度条，可通过对其max、min、step等属性的控制实现对进度的表示和监视。
- **video**：视频元素，用于支持和实现视频文件的直接播放，并支持缓冲预载和多种视频媒体格式，如mpeg-4、OGG/OGV和WebM格式等。
- **audio**：音频元素，用于支持和实现音频文件的直接播放，并支持缓冲预载和多种音频媒体格式。

4. 交互性元素

交互性元素主要用于功能性内容的表达，会有一定的内容和数据的关联，是各种事件的基础，这类元素包括：

- **details**：用于表示一段具体的内容，但是内容默认可能不显示，需要通过某种手段（如单击等操作）交互才会显示。
- **datagrid**：用于控制客户端数据与显示，可以由动态脚本及时更新。
- **menu**：用于交互表单。
- **command**：用于处理命令按钮。

课堂演练

本案例将练习制作一个简单的网页布局，效果如图1-2所示。

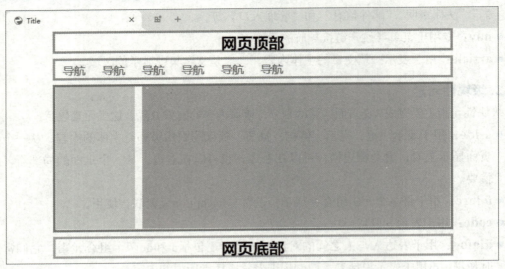

图 1-2 网页布局效果示意图

代码如下：

```
<!doctype html>
<html lang="en">
<head>
  <meta charset="UTF-8">
  <title>Title</title>
  <style>
    *{
      padding: 0px;
      margin: 0px;
    }
    header{
      width: 80%;
      height: 36px;
      margin: 0px auto;
      border: 5px solid cornflowerblue;
    }
    nav{
      width: 80%;
      margin: 10px auto;
      height: 36px;
      border: 5px solid lightcoral;
    }
    nav a{
```

```
        text-decoration: none;
        line-height: 40px;
        font-size: 23px;
        color: brown;
        padding: 0px 15px;
    }
    #main{
        width: 80%;
        height: 300px;
        margin: 10px auto;
        border: 5px solid seagreen;
    }
    #main aside{
        background-color: lightblue;
        width: 20%;
        height: 100%;
        float: left;
    }
    #main .flash{
        float: right;
        width: 78%;
        height: 100%;
        background-color: darkgrey;
    }
    footer{
        width: 80%;
        margin: 10px auto;
        height: 36px;
        border: 5px solid darkorange;
    }
    </style>
</head>
<body>
    <header>
        <h1 align="center">网页顶部</h1>
    </header>
    <nav>
        <a href="">导航</a>
```

```
      <a href="">导航</a>
      <a href="">导航</a>
      <a href="">导航</a>
      <a href="">导航</a>
      <a href="">导航</a>
    </nav>
    <div id="main">
      <aside>
      </aside>
      <div class="flash">
      </div>
    </div>
    <footer>
      <h1 align="center">网页底部</h1>
    </footer>
  </body>
</html>
```

课后作业

　　用HTML5的基础知识完成一个简单的练习，编写一个网页文件，其显示效果如图1-3所示，参考代码详见本章示例文件。

图 1-3　网页显示效果

第 **2** 章

网页图文的设计

内容概要

　　学习了HTML的基础知识后，本章将重点介绍文字和图片在网页中的应用，这是网页设计的重要组成部分。对于文字，重点讨论如何设置段落和字体样式。对于图片，主要探讨如何根据需求调整图片的大小和样式。

数字资源

【本章示例文件】："示例文件\第2章"目录下

2.1 网页中文字的应用

如果想在网页中有序地显示文字，就需要使用文字的属性。网页中的文字可以有多种呈现形式，如倾斜、加粗、颜色等。用户只需使用相应的标签并添加相应的属性，即可轻松地实现所需的功能。

■2.1.1 标题文字标签

如今，网络的使用非常普及，人们在浏览网页时，无论是图文信息还是多媒体信息，一般都会有一个文字标题，那么该如何设置标题呢？其实很简单，只需要学会<h>标签的用法即可。

语法描述：

```
<h1>...</h1>
<h2>...</h2>
...
<h6>...</h6>
```

示例：设置标题文字。

示例代码如下：

```
<!doctype html>
<html>
<head>
    <meta http-equiv="Content-Type" content="text/html; charset=utf-8" />
    <title> </title>
</head>
<body>
    <h1>标题1</h1>
    <h2>标题2</h2>
    <h3>标题3</h3>
    <h4>标题4</h4>
    <h5>标题5</h5>
    <h6>标题6</h6>
</body>
</html>
```

代码的运行效果如图2-1所示。

从上段代码可以看出，<h1>～<h6>标签可以定义标题，<h1>定义的是一级标题，显示的标题文字最大，<h6>定义的是六级标题，显示的标题文字最小。

图 2-1　标题文字示意图

■ 2.1.2　标题文字的对齐方式

　　设置标题的时候往往会用到别的对齐方式，因为在制作网页的时候标题文字都是默认的对齐方式。想要用其他的对齐方式就需要另行设置，此时就需要用到text-align属性，其属性值如表2-1所示。

表 2-1　标题文字的对齐方式

属性值	含义
text-align: left;	左对齐（默认对齐方式）
text-align: center;	居中对齐
text-align: right;	右对齐
text-align: justify;	两端对齐，通常用于段落文本

　　语法描述：

text-align：属性值；

示例：设置对齐方式。

　　使用text-align属性设置标题文字的对齐方式，示例代码如下：

```html
<!doctype html>
<html>
<head>
  <meta http-equiv="Content-Type" content="text/html; charset=utf-8" />
  <title> </title>
  <style>
    /* CSS样式控制对齐 */
    h2, h3 {
      text-align: center; /* 中心对齐 */
    }
    h4:nth-of-type(1) {
```

```
        text-align: left; /* 左对齐 */
    }
    h4:nth-of-type(2) {
        text-align: right; /* 右对齐 */
    }
  </style>
</head>
<body>
  <h1>古诗词鉴赏</h1>
  <h2>清明</h2>
  <h3>杜牧</h3>
  <h4>清明时节雨纷纷，路上行人欲断魂。</h4>
  <h4>借问酒家何处有，牧童遥指杏花村。</h4>
</body>
</html>
```

代码运行的显示效果如图2-2所示。代码中的:nth-of-type(*n*)选择器的用法详见第7.3.2节。

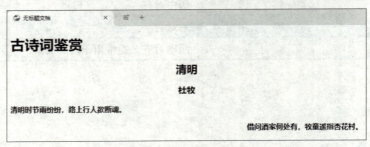

图 2-2　对齐方式示意图

■2.1.3　文字字体

在HTML和CSS中，可以通过font-family属性设置文字的字体效果。这些字体效果必须在浏览器安装相应字体后才能浏览，否则还是会被浏览器中的通用字体所替代。

语法描述：

```
font-family:"字体名称";
```

示例：设置文字字体。

示例代码如下：

```
<!doctype html>
<html>
```

```
<head>
  <meta http-equiv="Content-Type" content="text/html; charset=utf-8" />
  <title>古诗词鉴赏</title>
  <style>
    /* CSS样式控制字体 */
    .heiti {
      font-family: "黑体", sans-serif; /* 设置黑体 */
    }
    .kaiti {
      font-family: "楷体", serif; /* 设置楷体 */
    }
    h2, h3 {
      text-align: center; /* 中心对齐 */
    }
  </style>
</head>
<body>
  <h2>清明</h2>
  <h3>杜牧</h3>
  <p class="heiti">清明时节雨纷纷，路上行人欲断魂。</p>
  <p class="kaiti">借问酒家何处有，牧童遥指杏花村。</p>
</body>
</html>
```

代码运行的显示效果如图2-3所示。

图 2-3　文字字体示意图

从代码和运行结果可以看出，文字分别被设置了"黑体"和"楷体"两种字体。

■2.1.4　段落换行

在网页中，当出现很长一段文字的时候，为了浏览方便，需要把这段长文字换行。此时就需要用到换行标签
。

语法描述：

```
<br />
```

示例：强制换行。

示例代码如下：

```
<!doctype html>
<html>
<head>
    <meta http-equiv="Content-Type" content="text/html; charset=utf-8" />
    <title> </title>
</head>
<body>
    <p>清明时节雨纷纷，路上行人欲断魂。借问酒家何处有，牧童遥指杏花村。</p>
    <p>清明时节雨纷纷，<br />路上行人欲断魂。<br />借问酒家何处有，<br />牧童遥指杏花村。
</p>
</body>
</html>
```

代码运行的显示效果如图2-4所示。

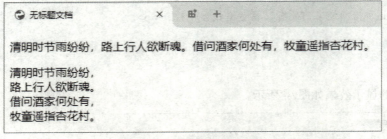

图 2-4　段落换行效果示意图

从运行结果可以看出，文字设置了换行之后，看起来更加清晰，更加有条理。如果需要换行显示，就要在想要换行的文字后面添加
标签。

■2.1.5　文字颜色

在网页中，经常看到很多不同颜色的文字，这些文字颜色也为文字增加了表现力。color是设置文字颜色的属性。

语法描述：

```
color:颜色值;
```

示例：设置文字的颜色。

示例代码如下：

```
<!doctype html>
<html lang="zh">
<head>
  <meta http-equiv="Content-Type" content="text/html; charset=utf-8" />
  <title>清明 - 杜牧</title>
  <style>
    /* 定义文字颜色 */
    .red {
      color: red;}
    .green {
      color: green;}
    /* 居中对齐 */
    h2, h3 {
      text-align: center;}
  </style>
</head>
<body>
  <h2>清明</h2>
  <h3>杜牧</h3>
  <p class="red">清明时节雨纷纷，路上行人欲断魂。</p>
  <p class="green">借问酒家何处有，牧童遥指杏花村。</p>
</body>
</html>
```

代码运行的显示效果如图2-5所示。

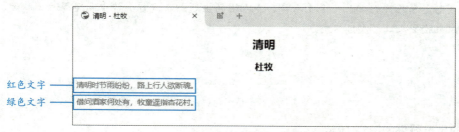

图 2-5　文字颜色示意图

从代码和运行结果可以看出，前两句诗句被设置为红色，后两句诗句被设置为绿色。

■2.1.6　不换行属性

在网页中，如果某段文字过长，受浏览器限制，显示时会自动换行。如果用户不想让浏览器自动换行显示，就需要用white-space属性。

语法描述：

```
white-space: nowrap;
```

示例：段落文字不换行。

示例代码如下：

```html
<!doctype html>
<html lang="zh">
<head>
  <meta http-equiv="Content-Type" content="text/html; charset=utf-8" />
  <title>无标题文档</title>
  <style>
    /* 防止换行 */
    .no-wrap {
      white-space: nowrap;
    }
  </style>
</head>
<body>
  <p>床前明月光，<br />疑是地上霜。<br />举头望明月，<br />低头思故乡。</p>
  <p class="no-wrap">
    平淡的语言娓娓道来，如清水芙蓉，不带半点修饰。完全是信手拈来，没有任何矫揉造作之
    痕。本诗从"疑"到"举头"，从"举头"到"低头"，形象地表现了诗人的心理活动过程，
    一幅鲜明的月夜思乡图生动地呈现在我们面前。客居他乡的游子，面对如霜的秋月怎能不想
    念故乡、不想念亲人呢？如此一个千人吟、万人唱的主题却在这首小诗中表现得淋漓尽致，
    以致千年以来脍炙人口，流传不衰！
  </p>
</body>
</html>
```

代码运行的显示效果如图2-6所示。

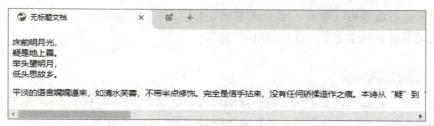

图 2-6 不换行效果示意图

从代码运行结果可以看出，诗句下面的一长段文字被强行不换行了。

■2.1.7 加粗标签

在一段文字中，如果某句话需要突出显示，可以把这句话的文字加粗。这时就需要用 <strong> 标签。

语法描述：

< strong >需要加粗的文字</ strong >

示例：让文字加粗显示。

示例代码如下：

```
<!doctype html>
<html>
<head>
  <meta http-equiv="Content-Type" content="text/html; charset=utf-8" />
  <title></title>
</head>
<body>
  <p>清明时节雨纷纷，</p>
  <p>路上行人欲断魂。</p>
  <p><strong>借问酒家何处有，</strong></p>
  <p>牧童遥指杏花村。</p>
</body>
</html>
```

代码运行的显示效果如图2-7所示。

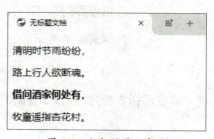

图 2-7 加粗效果示意图

从代码和运行结果可以看出，"借问酒家何处有，"被加粗显示了，在诗中这一句就显得更突出。如果想要着重标注文字，也可以用<b>标签。

■2.1.8 倾斜标签

在一段文字中，如果需要对文字进行倾斜设置，就需要用到<i>标签。<i>标签的作用是将包含在此标签中的文字以斜体字（italic）或者倾斜（oblique）字体显示。

语法描述：

```
<i>需要倾斜的文字</i>
```

示例：文字的倾斜方法。

示例代码如下：

```
<!doctype html>
<html>
<head>
  <meta http-equiv="Content-Type" content="text/html; charset=utf-8" />
  <title> </title>
</head>
<body>
  <p>清明时节雨纷纷，</p>
  <p>路上行人欲断魂。</p>
  <p><b>借问酒家何处有，</b></p>
  <p><i>牧童遥指杏花村。</i></p>
</body>
</html>
```

代码运行的显示效果如图2-8所示。

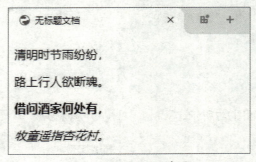

图 2-8 倾斜效果示意图

代码中把"牧童遥指杏花村。"做了倾斜的设置，从图中可以看出设置后的显示效果。

2.2　网页中图片的应用

图片是网页中非常重要的元素，能够显著提升用户的浏览兴趣。美化网页最简单有效的方法就是添加图片，恰当的图片运用能够成就优秀的设计。人都是视觉动物，在浏览网页时，对于图像有着天然的渴望，因此添加图片非常重要。

■2.2.1　图像格式的选择

网页中的图像格式通常有GIF、JPEG和PNG三种。目前，GIF和JPEG文件格式的支持情况最佳，绝大多数浏览器都可以兼容。PNG格式的图片具有较大的灵活性，而且文件比较小，适合于几乎任何类型的网页。如果浏览器的版本较老，建议使用GIF或JPEG格式的图片进行网页制作。

1. JPG

JPG全称为JPEG，是一种与平台无关的格式，它支持最高级别的压缩（这种压缩是有损耗的）。JPEG图片是以24位颜色存储单个位图的。

2. GIF

GIF格式分为静态GIF和动画GIF两种类型，文件扩展名均为.gif。它属于一种压缩位图格式，支持透明背景图像，并适用于多种操作系统。由于其小巧的文件大小，在网络上有很多小动画是采用GIF格式的。实际上，GIF格式动画是将多幅图像组合起来保存到一个图像文件中，从而创建动画效果的，因此，本质上GIF动画仍然是一种图像文件格式。其中，最常见的GIF动画应用就是那些通过连续帧串联而成的动态GIF图。不过，GIF格式的一个局限性是它只能显示256种颜色。与JPG格式一样，GIF格式也是一种在网络上非常流行的图像文件格式。

3. PNG

PNG是一种图像文件存储格式，其设计初衷是为了取代GIF和TIFF文件格式，并引入了一些GIF文件格式所不具备的特性。PNG的全称是"可移植网络图形格式"（portable network graphic format），它还有一个非官方的解释——"PNG's Not GIF"。作为一种位图文件存储格式，PNG支持存储灰度图像的位深多达16位，存储彩色图像的位深可达48位。此外，PNG还能存储多达16位的Alpha通道数据。PNG采用无损数据压缩算法，这种高效的压缩方式使得PNG文件体积较小，因此广泛用于JAVA程序、网页程序中。

■2.2.2　插入图片

在制作网页的时候，为了使网页更加美观、更能吸引用户浏览，通常会插入一些图片进行美化。插入图片的标记应使用<img>标签。

语法描述：

```
<img src= "图片文件地址" >
```

示例：在网页中插入图片。

示例代码如下：

```
<!doctype html>
<html>
<head>
  <meta http-equiv="Content-Type" content="text/html; charset=utf-8" />
  <title> </title>
</head>
<body>
  <p>
    黄昏美景，大自然的创作，令我陶醉。傍晚时，走在路上，向西望去，眼前一亮：太阳此时
    并不耀眼，透着金色的光芒。
  </p>
  <img src="timg.jpg">
</body>
</html>
```

代码运行的显示效果如图2-9所示。

图2-9　插入图片效果图

■2.2.3　调整图片尺寸

如果不设定图片的大小，图片在网页中显示为其原始尺寸大小。有时原始尺寸会过大或者过小，这时就需要用width和height属性来设置图片的大小。

语法描述：

```
<img src= "图片的位置" width= "图片的宽度" height= "图片的高度">
```

示例：图片尺寸的设置。

示例代码如下：

```
<!doctype html>
<html>
<head>
  <meta http-equiv="Content-Type" content="text/html; charset=utf-8" />
  <title> </title>
</head>
<body>
  <p>
  黄昏美景，大自然的创作，令我陶醉。傍晚时，走在路上，向西望去，眼前一亮：太阳此时
  并不耀眼，透着金色的光芒。
  </p>
  <img src="timg.jpg" width= "500" height= "400">
</body>
</html>
```

代码运行的显示效果如图2-10所示。

图 2-10　设置图片大小

从代码中可以看出，图片被设置为宽度500像素、高度400像素，显示的结果比原图要小一些。

■2.2.4　设置图片边框

给图片添加边框是为了能让图片显示得更突出，可用outline属性实现此设置。

语法描述：

```
outline:轮廓宽度　轮廓样式　颜色;
```

示例： 为图片设置边框。

示例代码如下：

```html
<!doctype html>
<html>
<head>
  <meta http-equiv="Content-Type" content="text/html; charset=utf-8" />
  <title> </title>
  <style>
    .image-border {
      outline: 5px solid black; /* 使用 outline 创建边框 */
      /* 或者使用 box-shadow 创建边框效果 */
      /* box-shadow: 0 0 0 5px black; */
    }
  </style>
</head>
<body>
  <p>
    黄昏美景，大自然的创作，令我陶醉。傍晚时，走在路上，向西望去，眼前一亮：太阳此时
    并不耀眼，透着金色的光芒。
  </p>
  <img src="timg.jpg" width="500" height="400" class="image-border"> <!-- 添加类名 -->
</body>
</html>
```

代码运行的显示效果如图2-11所示。

图 2-11　设置图片边框

从代码和运行结果可以看出，图片被添加了粗细为5像素的黑色实线边框。

■2.2.5 图片的水平间距

如果不使用\<br\>标签或\<p\>标签进行换行显示，那么添加的图片会紧跟在文字之后，图片和文字之间的水平距离可以通过margin属性进行调整。

语法描述：

```
margin:属性值;
```

示例：图文水平间距的设置。

示例代码如下：

```
<!DOCTYPE html>
<html lang="zh">
<head>
  <meta charset="utf-8">
  <title>无标题文档</title>
  <style>
    .image {
      width: 100px; /* 设置图片宽度 */
      height: 80px; /* 设置图片高度 */
    }
    .spaced {
      margin: 20px; /* 设置上右下左四个方向的间距 */
    }
  </style>
</head>

<body>
  <p>没有设置间距的美景图片</p>
  <img src="timg.jpg" class="image">
  <img src="timg.jpg" class="image">
  <img src="timg.jpg" class="image"><br />

  <p>设置了间距的美景图片</p>
  <img src="timg.jpg" class="image spaced">
  <img src="timg.jpg" class="image spaced">
  <img src="timg.jpg" class="image spaced">
</body>
</html>
```

代码运行的显示效果如图2-12所示。

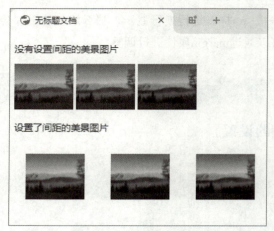

图 2-12　设置图片水平间距

从代码和运行结果中可以看到，换行后的文字和图片中间以及图与图之间出现了水平和垂直方向的间距。若想单独设置某一方向的间距，可以根据需要使用margin-top、margin-right、margin-bottom或margin-left属性即可。

■2.2.6　图片的提示文字

设置图片的提示文字有两个作用：一是当浏览网页时，如果图片没有被下载，在图片的位置会看到提示文字；二是当浏览网页时，如果图片下载完成，则鼠标指针位于图片上时会出现提示文字。

语法描述：

```
<img scr= "图片位置" title= "提示文字" >
```

示例：为图片增加提示词。

示例代码如下：

```
<!doctype html>
<html>
<head>
    <meta http-equiv="Content-Type" content="text/html; charset=utf-8" />
    <title> </title>
</head>
<body>
    <p>
    黄昏美景，大自然的创作，令我陶醉。傍晚时，走在路上，向西望去，眼前一亮：太阳此时
    并不耀眼，透着金色的光芒。
```

```
</p>
<img src="timg.jpg" width= "500" height= "400" title= "美景" >
</body>
</html>
```

代码运行的显示效果如图2-13所示。

图 2-13　设置图片提示文字

从上图中可以看出，当鼠标指针位于图片上时，就会出现提示文字"美景"。

■2.2.7　图片的替换文字

当图片路径有误或者图片下载出现问题的时候，图片无法正常显示，此时可以通过alt属性在图片位置处显示定义的替换文字。

语法描述：

```
<img scr= "图片位置" alt= "提示文字" >
```

示例：为图片设置替换文字。

示例代码如下：

```
<!doctype html>
<html>
<head>
  <meta http-equiv="Content-Type" content="text/html; charset=utf-8" />
  <title> </title>
</head>
<body>
```

```
<p>
  黄昏美景，大自然的创作，令我陶醉。傍晚时，走在路上，向西望去，眼前一亮：太阳此时
  并不耀眼，透着金色的光芒。
</p>
<img src="timg.jpg" width= "500" height= "400" alt= "美景" >
</body>
</html>
```

代码运行的显示效果如图2-14所示。

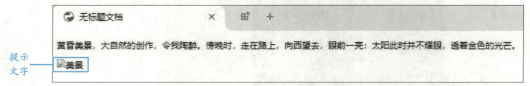

提示
文字

图 2-14　设置图片的替换文字

从图2-14中可以看到，当图片不能正常显示的时候，会出现提示文字。

■2.2.8　图片的对齐方式

vertical-align属性是CSS中用于控制内联元素（如图片等）或表格单元格内容的垂直对齐方式的属性。

语法描述：

vertical-align:属性值;

说明：常用的属性值包括top、middle、bottom、text-top、text-bottom、baseline（默认）等。

示例：图文混排效果。

示例代码如下：

```
<!DOCTYPE html>
<html lang="zh">
<head>
  <meta charset="utf-8" />
  <title>无标题文档</title>
  <style>
    /* 设置图片的对齐方式 */
    .align-bottom {
      vertical-align: bottom; /* 底部对齐 */
    }
```

```
    .align-middle {
        vertical-align: middle; /* 中间对齐 */
    }
    .align-top {
        vertical-align: top; /* 顶部对齐 */
    }
    </style>
</head>
<body>
    <h3>未设置对齐方式的图片：</h3>
    <p>图像 <img src="timg.jpg" width="80" height="62" alt="未设置对齐方式的图片"> 在文本中</p>

    <h3>已设置对齐方式的图片：</h3>
    <p>图像 <img src="timg.jpg" width="80" height="62" class="align-bottom" alt="底部对齐的图片">
在文本中</p>
    <p>图像 <img src="timg.jpg" width="80" height="62" class="align-middle" alt="中间对齐的图片">
在文本中</p>
    <p>图像 <img src="timg.jpg" width="80" height="62" class="align-top" alt="顶部对齐的图片"> 在
文本中</p>
</body>
</html>
```

代码运行的显示效果如图2-15所示。

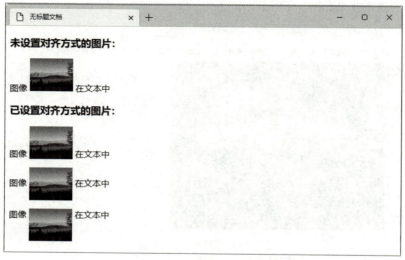

图 2-15　设置图片的对齐方式

从图中可以看出图片和文字的上、中、下三种对齐方式。

■2.2.9　为图片添加超链接

图片的超链接添加方法很简单，用<a>标签即可实现。

语法描述：

<a href= "链接地址" ><img src= "图片的地址" ></a>

示例：为图片设置超链接。

示例代码如下：

```
<!doctype html>
<html>
<head>
  <meta http-equiv="Content-Type" content="text/html; charset=utf-8" />
  <title> </title>
</head>
<body>
  <p>
黄昏美景，大自然的创作，令我陶醉。傍晚时，走在路上，向西望去，眼前一亮：太阳此时并
不耀眼，透着金色的光芒。
  </p>
  <a href="#"><img src="timg.jpg" width= "500" height= "400" alt= "美景" ></a>
</body>
</html>
```

代码运行的显示效果如图2-16所示。

图 2-16　为图片添加超链接

从图中可以看到一个超链接的标志（当鼠标指针位于图片位置上时，鼠标指针会变为手形），至此超链接就添加成功了。代码中的href="#"表示是一个空链接。

课堂演练

本章的课堂演练将带领大家实践图像自动填充背景的效果，不管浏览器页面的大小如何调整，图像始终自动填充整个背景，效果如图2-17所示。

图 2-17　图像自动填充背景

代码如下：

```
<!doctype html>
<html lang="en">
<head>
    <meta charset="UTF-8">
    <meta name="viewport" content="width=device-width, initial-scale=1.0">
    <title>课堂演练</title>
    <style>
        body {
            margin: 0;
            background-color: #22C3AA;
            overflow: hidden;
        }
        #Layer1 {
            position: absolute;
            top: 0;
            left: 0;
            width: 100%;
            height: 100%;
```

```
      background-color: #22C3AA;
      z-index: -1;
    }
    #Layer1 img {
      width: 100%;
      height: 100%;
      object-fit: cover;
    }
  </style>
</head>
<body>
  <div id="Layer1">
    <img src="../timg.jpg" alt="Background Image">
  </div>
</body>
</html>
```

课后作业

　　本章学习了设置文字和图片的一些简单的样式，下面的练习将使用这些知识制作简单的图文混排网页，效果如图2-18所示，参考代码详见本章示例文件。

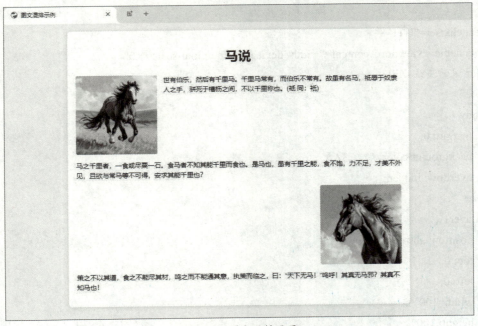

图 2-18　图文混排网页

第3章

HTML 中列表的应用

内容概要

本章将介绍列表的相关知识。HTML中的列表类型包括无序列表、有序列表和定义列表。无序列表使用项目符号来标记列表中的项目，有序列表使用编号来表示项目的顺序，定义列表则是指用户自定义的列表。此外，还可以设置列表的嵌套。

数字资源

【本章示例文件】："示例文件\第3章"目录下

3.1 无序列表

在无序列表中，各个列表项之间没有顺序、级别之分，它通常使用一个项目符号作为每个列表项的前缀。无序列表主要使用\<ul\>、\<dl\>、\<menu\>、\<li\>等标签和type属性。

■3.1.1 \<ul\>标签

无序列表的特征在于提供一种不编号的列表方式，在每一个项目文字之前以符号作为标记。无序列表用\<ul\>标签来定义。

语法描述：

```
<ul>
  <li>第1项</li>
  <li>第2项</li>
  <li>第3项</li>
  ...
</ul>
```

其中，\</ul\>标签表示无序列表的结束，\<li\>标签表示的是列表项。一个无序列表中可以包含多个列表项。

示例：\<ul\>标签的应用。

示例代码如下：

```
<!doctype html>
<html>
<head>
  <meta http-equiv="Content-Type" content="text/html; charset=utf-8" />
  <title>无序列表</title>
  <style>
    .title {
      font-size: 2em;
      color: #006699;
    }
  </style>
</head>
<body>
  <div class="title">列表的分类：</div><br /><br />
  <ul>
    <li>无序列表</li>
```

```
    <li>有序列表</li>
    <li>定义列表</li>
  </ul>
</body>
</html>
```

代码运行的显示效果如图3-1所示。

图 3-1　无序列表效果图

从代码和运行结果可以看到，该列表一共包含3个列表项。

■3.1.2　无序列表类型

默认情况下，无序列表的项目符号为实心圆。为了避免列表符号的单调，可以通过list-style-type属性调整无序列表的项目符号。list-style-type属性的属性值所代表的列表符号如下：

- **disc**：实心圆点（默认值）。
- **circle**：空心圆点。
- **square**：实心方块。
- **none**：无符号（不显示任何列表符号）。

语法描述：

```
list-style-type:属性值;
```

示例：为文字添加项目符号。

示例代码如下：

```
<!doctype html>
<html>
<head>
  <meta http-equiv="Content-Type" content="text/html; charset=utf-8" />
  <title>无序列表</title>
  <style>
    .title {
```

```
        font-size: 2em;
        color: #006699;
    }
    .circle-list {
        list-style-type: circle;
    }
    .square-list {
        list-style-type: square;
    }
    hr {
        border: none;
        height: 2px; /* 设置高度 */
        background-color: red; /* 设置颜色 */
    }
    </style>
</head>
<body>
    <div class="title">列表的分类：</div><br /><br />
    <ul class="circle-list">
        <li>无序列表</li>
        <li>有序列表</li>
        <li>定义列表</li>
    </ul>
    <hr/>
    <div class="title">列表的分类：</div><br /><br />
    <ul class="square-list">
        <li>无序列表</li>
        <li>有序列表</li>
        <li>定义列表</li>
    </ul>
</body>
</html>
```

代码运行的显示效果如图3-2所示。

在图中可以看出，除了默认的列表项目符号之外另外两种列表项目符号的显示效果。

当然，list-style-type属性也可以用在\<li\>标签中，此时定义的结果是针对列表中单个项目的。

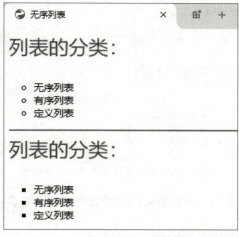

图 3-2　无序列表中项目符号的设置

示例代码如下：

```html
<!doctype html>
<html>
<head>
  <meta http-equiv="Content-Type" content="text/html; charset=utf-8" />
  <title>无序列表</title>
  <style>
    /* 设置标题的样式 */
    .title {
        font-size: 24px;
        color: #006699;
    }
  </style>
</head>
<body>
  <div class="title">列表的分类：</div><br /><br />
  <ul>
    <li style="list-style-type: circle;">无序列表</li>
    <li style="list-style-type: square;">有序列表</li>
    <li>定义列表</li>
  </ul>
</body>
</html>
```

代码运行的显示效果如图3-3所示。

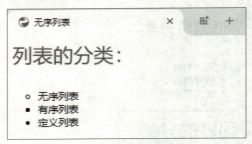

图 3-3　为不同的项设置不同的项目符号

从代码和运行结果可以看出，分别给第1个和第2个列表设置了不同的项目符号。

■3.1.3　设置列表文字的颜色

在创建列表时，可以单独设置列表中文字的颜色。

语法描述：

```
color:颜色值;
```

示例：给列表文字设置颜色。

示例代码如下：

```html
<!doctype html>
<html>
<head>
  <meta http-equiv="Content-Type" content="text/html; charset=utf-8" />
  <title>列表字体颜色</title>
  <style>
    /* 设置标题的样式 */
    .title {
      font-size: 24px;
      color: #006699;
    }
    /* 设置无序列表的样式 */
    ul {
      list-style-type: disc; /* 设置项目符号为实心圆点 */
      padding-left: 60px; /* 添加左边距，以便项目符号不贴边 */
    }
    /* 设置列表项的样式 */
    .red {
```

```
        color: red; /* 红色 */
    }
    .blue {
        color: blue; /* 蓝色 */
    }
    .green {
        color: green; /* 绿色 */
    }
  </style>
</head>
<body>
  <div class="title">列表的分类: </div><br /><br />
  <ul>
    <li class="red">无序列表</li>
    <li class="blue">有序列表</li>
    <li class="green">定义列表</li>
  </ul>
</body>
</html>
```

代码运行的显示效果如图3-4所示。

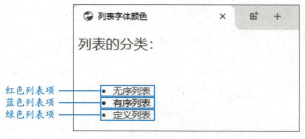

图 3-4　设置列表项文字颜色

在代码中可以看到，分别给3个列表项设置了红、蓝、绿三种颜色。当然，也可以在列表中对整体颜色进行设置。

3.2　有序列表

有序列表使用编号来编排项目，而不是使用项目符号。有序列表中的项目前面采用数字或者英文字母编号，表示项目间有先后顺序。在有序列表中，主要使用<ol>和<li>两个标签。

■3.2.1　<ol>标签

在有序列表中，各个列表项使用编号而不是符号来进行排列。列表中的项目通常都有先后顺序性，一般都采用数字或字母作为顺序号。

语法描述：

```
<ol>
    <li>第1项</li>
    <li>第2项</li>
    <li>第3项</li>
    ...
</ol>
```

其中，<ol>和</ol>标签标志着有序列表的开始和结束，而<li>标签表示一个列表项的开始。默认情况采用数字序号进行排列。

示例：<ol>标签的应用。

示例代码如下：

```
<!doctype html>
<html>
<head>
    <meta http-equiv="Content-Type" content="text/html; charset=utf-8" />
    <title>有序列表</title>
    <style>
        /* 设置标题的样式 */
        .title {
            font-size: 24px;
            color: #006699;
        }
        /* 设置有序列表的样式 */
        ol {
            padding-left: 36px; /* 添加左边距 */
        }
    </style>
</head>
<body>
    <div class="title">列表的分类：</div><br /><br />
    <ol>
```

```
    <li>无序列表</li>
    <li>有序列表</li>
    <li>定义列表</li>
  </ol>
</body>
</html>
```

代码运行的显示效果如图3-5所示。

图 3-5　有序列表效果图

从图中可以看出，默认情况下，有序列表的编号显示的是数字。

■3.2.2　有序列表的类型

默认情况下，有序列表的序号是数字。通过设置type属性可以调整序号的类型，例如，将序号修改为字母、罗马数字等。

语法描述：

```
<ol type="序号类型">
```

序号类型可以选择：
- **a**：表示小写英文字母编号。
- **A**：表示大写英文字母编号。
- **i**：表示小写罗马数字编号。
- **I**：表示大写罗马数字编号。
- **l**：表示数字编号（默认）。

示例：为文字添加编号。

示例代码如下：

```
<!doctype html>
<html>
<head>
  <meta http-equiv="Content-Type" content="text/html; charset=utf-8" />
```

```
        <title>有序列表</title>
        <style>
          /* 设置标题的样式 */
          .title {
             font-size: 24px;
             color: #006699;
          }
          /* 设置有序列表的样式 */
          ol {
             padding-left:40px; /* 添加左边距 */
          }
          /* 设置水平线的样式 */
          hr {
             color: red; /* 设置水平线颜色 */
             height: 2px; /* 设置水平线高度 */
             background-color: red; /* 设置背景颜色以确保颜色可见 */
             border: none; /* 去掉默认边框 */
          }
        </style>
</head>
<body>
    <div class="title">列表的分类：</div><br /><br />
    <ol type="a">
       <li>无序列表</li>
       <li>有序列表</li>
       <li>定义列表</li>
    </ol>
    <hr/>
    <div class="title">列表的分类：</div><br /><br />
    <ol type="I">
       <li>无序列表</li>
       <li>有序列表</li>
       <li>定义列表</li>
    </ol>
</body>
</html>
```

代码运行的显示效果如图3-6所示。

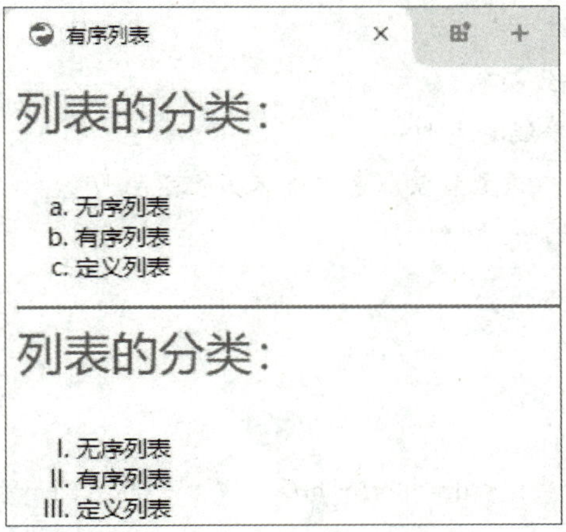

图 3-6　添加编号的效果图

■3.2.3　有序列表的起始值

默认情况下，有序列表的列表项是从数字1开始的，可以通过start属性调整起始数值。这个数值对数字、英文字母和罗马数字都起作用。

语法描述：

```
<ol start="起始数值">
```

示例：设置有序列表的起始值。

示例代码如下：

```html
<!doctype html>
<html>
<head>
    <meta http-equiv="Content-Type" content="text/html; charset=utf-8" />
    <title>有序列表</title>
    <style>
        /* 设置标题的样式 */
        .title {
            font-size: 24px;
            color: #006699;
        }
        /* 设置有序列表的样式 */
        ol {
            padding-left: 40px; /* 添加左边距 */
        }
```

```
    /* 设置水平线的样式 */
    hr {
        color: red; /* 设置水平线颜色 */
        height: 2px; /* 设置水平线高度 */
        background-color: red; /* 设置背景颜色以确保颜色可见 */
        border: none; /* 去掉默认边框 */
    }
    </style>
</head>
<body>
    <div class="title">列表的分类：</div><br/><br/>
    <ol type="A" start="4">
        <li>无序列表</li>
        <li>有序列表</li>
        <li>定义列表</li>
    </ol>
    <hr/>
    <div class="title">列表的分类：</div><br/><br/>
    <ol start="3">
        <li>无序列表</li>
        <li>有序列表</li>
        <li>定义列表</li>
    </ol>
</body>
</html>
```

代码运行的显示效果如图3-7所示。

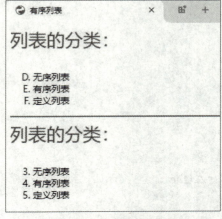

图 3-7　设置列表的编号起始值

从代码中可以看出，起始值只能设置为数字。例如，如果要让列表项编号的英文字母从"B"开始，起始值就要设置为2，还可以动态地设置列表编号。

在以下的示例中，通过ol元素创建一个小说阅读量排名，并添加选项列表中的内容，再添加一个设置开始值的文本框和一个"确定"按钮，将数值输入文本框中，单击"确定"按钮，将以文本框中输入的值作为列表项的开始编号显示小说阅读量的排名。

示例代码如下：

```html
<!doctype html>
<html lang="zh-CN">
<head>
  <meta charset="UTF-8">
  <meta name="viewport" content="width=device-width, initial-scale=1.0">
  <title>ol列表的使用</title>
  <link href="Css/css1.css" rel="stylesheet" type="text/css">
  <script type="text/javascript" async>
    function click1() {
      var num = document.getElementById("te").value;
      var ol = document.getElementById("list");
      ol.setAttribute("start", num);
    }
  </script>
</head>
<body>
  <h3>小说阅读量</h3>
  <ol id="list">
    <li>斗破苍穹</li>
    <li>盗墓笔记</li>
    <li>逆鳞</li>
  </ol>
  <h5>设置开始值</h5>
  <input type="number" id="te" class="tt" style="width:60px" />
  <input type="button" value="确定" class="bb" onClick="click1();">
</body>
</html>
```

代码运行的显示效果如图3-8所示。当在文本框中输入数字4并单击"确定"按钮后，运行效果如图3-9所示。

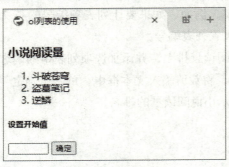
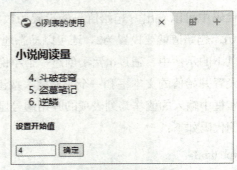

图 3-8　初始效果　　　　　　　　　图 3-9　设置开始值后的效果

■3.2.4　定义列表标签

在HTML中还有一种列表标签，主要用于解释名词，它包含两个层次的列表，第一层是需要解释的名词，第二层是名词的具体解释。

语法描述：

```
<dl>
    <dt>名词1</dt>
    <dd>解释1</dd>
    <dt>名词2</dt>
    <dd>解释2</dd>
    <dt>名词3</dt>
    <dd>解释3</dd>
</dl>
```

其中，<dt>后面是要解释的名词，<dd>后面则是该名词的具体解释。

示例：制作选择列表。

示例代码如下：

```
<!doctype html>
<html>
<head>
    <meta http-equiv="Content-Type" content="text/html; charset=utf-8" />
    <title>有序列表</title>
    <style>
        .title {
            font-size: 2em;
            color: #006699;
        }
```

```
      </style>
  </head>
  <body>
      <div class="title">下列选项故事中的中国四大美女谁出生最早</div><br /><br />
      <ol type="A">
          <li>西施浣纱</li>
          <li>昭君出塞</li>
          <li>貂蝉拜月</li>
          <li>贵妃醉酒</li>
      </ol>
      <hr color="#993366" size="3"/>
      <dl>
```

　　<dt>A: 西施 </dt><dd>名夷光, 春秋时期越国人, 出生于浙江诸暨苎萝山村。西施是中国古代四大美人之一, 又称西子。天生丽质。当时越国称臣于吴国, 越王勾践卧薪尝胆, 谋复国。在国难当头之际, 西施忍辱负重, 以身救国, 与郑旦一起被越王勾践献给吴王夫差, 成为吴王最宠爱的妃子, 乱吴宫, 以霸越。施夷光世居越国苎萝。</dd>

　　　　

　　<dt>B: 王昭君</dt><dd>西汉时期, 姓王名嫱, 南郡秭归人。匈奴呼韩邪单于阏氏。她是汉元帝时以"良家子"入选掖庭的。时, 呼韩邪来朝, 帝敕以五女赐之。王昭君入宫数年, 不得见御, 积悲怨, 乃请掖庭令求行。呼韩邪临辞大会, 帝召五女以示之。昭君丰容靓饰, 光明汉宫, 顾影徘徊, 竦动左右。帝见大惊, 意欲留之, 而难于失信, 遂与匈奴。</dd>

　　　　

　　<dt>C: 貂蝉</dt><dd>山西忻州人, 是东汉末年司徒王允的歌女, 国色天香, 有倾国倾城之貌。见东汉王朝被奸臣董卓所操纵, 于月下焚香祷告上天, 愿为主人分忧。王允眼看董卓将篡夺东汉王朝, 设下连环计。王允先把貂蝉暗地里许给吕布, 再明把貂蝉献给董卓。吕布英雄年少, 董卓老奸巨猾, 为了拉拢吕布, 董卓收吕布为义子。二人都是好色之人。从此以后, 貂蝉周旋于此二人之间, 送吕布以秋波, 报董卓以妩媚, 把二人撩拨得神魂颠倒。</dd>

　　　　

　　<dt>D: 杨贵妃</dt><dd>开元二十三年七月（735年）, 唐玄宗的女儿咸宜公主在洛阳举行婚礼, 杨玉环也应邀参加。咸宜公主之胞弟寿王李瑁对杨玉环一见钟情, 唐玄宗在武惠妃的要求下当年就下诏册立她为寿王妃。婚后, 两人甜美异常。后又受令出家。天宝四年（745年）, 杨氏正式被玄宗册封为贵妃。天宝十四年（755年）, 安禄山发动叛乱, 玄宗西逃四川, 杨氏在陕西兴平马嵬驿死于乱军之中, 葬于马嵬坡。</dd>

　　　　

```
      </dl>
  </body>
</html>
```

代码运行的显示效果如图3-10所示。

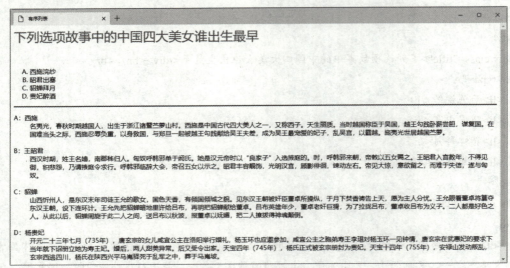

图 3-10　选择列表效果

另外，在定义列表中，一个<dt>标签可以有多个<dd>标签作为名词解释和说明，下面给出一个在dt元素下有多个dd的示例。

示例代码如下：

```
<!doctype html>
<html>
<head>
  <meta http-equiv="Content-Type" content="text/html; charset=utf-8" />
  <title>有序列表 </title>
  <style>
    .title {
      font-size: 2em;
      color: #006699;
    }
  </style>
</head>
<body>
  <div class="title">中国历史</div><br /><br />
  <dl>
    <dt>
      <u>原始社会</u>
      <dd>黄帝</dd>
      <dd>尧</dd>
```

```
        <dd>舜</dd>
    </dt>
    <dt>
        <u>奴隶社会</u>
        <dd>夏</dd>
        <dd>商</dd>
        <dd>周</dd>
    </dt>
    <dt>
        <u>封建社会</u>
        <dd>秦</dd>
        <dd>汉</dd>
        <dd>隋</dd>
        <dd>唐</dd>
        <dd>宋</dd>
        <dd>元</dd>
        <dd>明</dd>
        <dd>清</dd>
    </dt>
    </dl>
</body>
</html>
```

代码运行的显示效果如图3-11所示。

图 3-11　有序列表效果

■3.2.5 <menu>标签

<menu>标签主要用于设计单列的菜单列表。菜单列表在浏览器中的显示效果和无序列表是相同的，因此它的功能也可以通过无序列表来实现。

语法描述：

```
<menu>
   <li>第1项</li>
   <li>第2项</li>
   <li>第3项</li>
   ...
</menu>
```

示例：制作菜单列表。

示例代码如下：

```
<!doctype html>
<html>
<head>
<meta http-equiv="Content-Type" content="text/html; charset=utf-8" />
<title>菜单列表</title>
<style>
   .title {
      font-size: 2em;
      color: #006699;
   }
   menu {
      list-style-type: disc;
      padding-left: 40px;
   }
   menu li {
      margin: 5px 0; /* 列表项之间的间距 */
   }
</style>
</head>
<body>
   <div class="title">列表的分类： </div><br/><br/>
   <menu>
      <li>无序列表</li>
      <li>有序列表</li>
```

```
      <li>定义列表</li>
    </menu>
  </body>
</html>
```

代码运行的显示效果如图3-12所示。

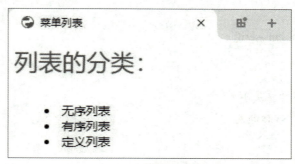

图 3-12　菜单列表效果

3.3　列表的嵌套

嵌套列表指的是多于一级层次的列表，一级项目下面可以存在二级项目、三级项目等。项目列表可以嵌套使用，从而实现多级项目列表的形式。

■3.3.1　定义列表的嵌套

定义列表是一种两个层次的列表，用于解释名词的定义，名词为第一层次，解释为第二层次，且不包含项目符号。

语法描述：

```
<ul>
  <li>项目一
    <ul>
      <li>子项目一</li>
      <li>子项目二</li>
    </ul>
  </li>
  <li>项目二</li>
</ul>
```

示例：列表嵌套的用法。

示例代码如下：

```
<!doctype html>
<html>
<head>
    <meta http-equiv="Content-Type" content="text/html; charset=utf-8" />
    <title>列表嵌套</title>
    <style>
        body {
            font-family: Arial, sans-serif;
        }
        .title {
            font-size: 2em; /* 字体大小 */
            color: #006699; /* 字体颜色 */
        }
        .poem {
            margin-bottom: 20px; /* 每首诗之间的间距 */
        }
    </style>
</head>
<body>
    <div class="title">古诗介绍：</div><br />
    <ul>
        <li class="poem">
            <strong>秋思</strong>
            <ul>
                <li>作者：白居易</li>
                <li>诗体：五言律诗</li>
                <li>内容：
                    <pre>
                        病眠夜少梦，闲立秋多思。
                        寂寞馀雨晴，萧条早寒至。
                        鸟栖红叶树，月照青苔地。
                        何况镜中年，又过三十二。
                    </pre>
                </li>
            </ul>
        </li>
        <li class="poem">
```

```
        <strong>蜀相</strong>
        <ul>
            <li>作者：杜甫</li>
            <li>诗体：七言律诗</li>
            <li>内容：
                <pre>
                    丞相祠堂何处寻，锦官城外柏森森。
                    映阶碧草自春色，隔叶黄鹂空好音。
                    三顾频烦天下计，两朝开济老臣心。
                    出师未捷身先死，长使英雄泪满襟。
                </pre>
            </li>
        </ul>
    </li>
  </ul>
</body>
</html>
```

代码运行的显示效果如图3-13所示。

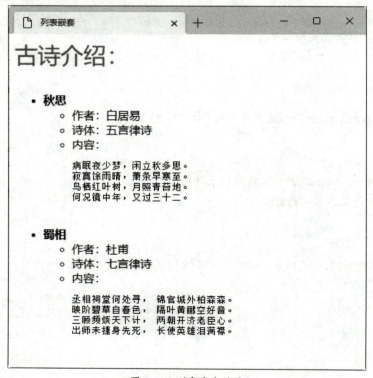

图 3-13 列表嵌套效果

■3.3.2 无序/有序列表的嵌套

最常见的列表嵌套模式是有序列表和无序列表的嵌套，可以重复使用<ol>和<ul>标签组合来实现。

示例：列表的高级嵌套。

示例代码如下：

```
<!doctype html>
<html>
<head>
  <meta http-equiv="Content-Type" content="text/html; charset=utf-8" />
  <title>列表嵌套</title>
  <style>
    body {
      font-family: Arial, sans-serif; /* 设置字体 */
    }
    .title {
      color: #3333FF; /* 标题颜色 */
      font-size: 2em; /* 标题大小 */
    }
    .sub-title {
      color: #FF9900; /* 子标题颜色 */
      font-size: 1.2em; /* 子标题大小 */
    }
    ul {
      list-style-type: square; /* 设置无序列表样式 */
    }
    ol {
      list-style-type: decimal; /* 设置有序列表样式 */
      margin: 0; /* 去除默认的边距 */
    }
    li {
      margin-bottom: 5px; /* 列表项之间的间距 */
    }
  </style>
</head>
```

```
<body>
  <div class="title">中国历史</div>
  <ul>
    <li class="sub-title">原始社会</li>
  </ul>
  <ol>
    <li>黄帝</li>
    <li>尧</li>
    <li>舜</li>
  </ol>
  <ul>
    <li class="sub-title">奴隶社会</li>
  </ul>
  <ol>
    <li>夏</li>
    <li>商</li>
    <li>周</li>
  </ol>
  <ul>
    <li class="sub-title">封建社会</li>
  </ul>
  <ol>
    <li>秦</li>
    <li>汉</li>
    <li>隋</li>
    <li>唐</li>
    <li>宋</li>
    <li>元</li>
    <li>明</li>
    <li>清</li>
  </ol>
</body>
</html>
```

代码运行的显示效果如图3-14所示。

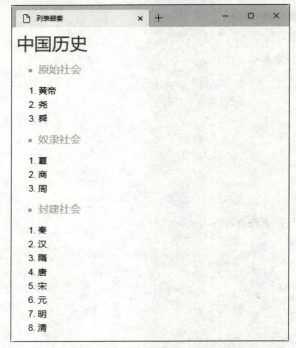

图 3-14　有序与无序列表嵌套效果

■3.3.3　有序列表之间的嵌套

有序列表之间的嵌套就是有序列表的列表项同样是一个有序列表，需要通过在\<ol>标签中重复使用\<ol>标签来实现。

示例：有序列表的嵌套方法。

示例代码如下：

```
<!doctype html>
<html>
<head>
  <meta http-equiv="Content-Type" content="text/html; charset=utf-8" />
  <title>列表嵌套</title>
  <style>
    body {
      font-family: Arial, sans-serif; /* 设置字体 */
    }
    .title {
      color: #3333FF; /* 标题颜色 */
      font-size: 2em; /* 标题大小 */
    }
```

```
        ol {
            margin: 0; /* 去除默认的边距 */
            padding-left: 40px; /* 设置左侧内边距 */
        }
        li {
            margin-bottom: 5px; /* 列表项之间的间距 */
        }
    </style>
</head>
<body>
    <div class="title">中国历史</div>
        <ol type="A">
            <li>第一篇
                <ol type="1">
                    <li>第一章
                        <ol type="I">
                            <li>第一节</li>
                            <li>第二节</li>
                            <li>第三节</li>
                            <li>第四节</li>
                        </ol>
                    </li>
                    <li>第二章</li>
                    <li>第三章</li>
                </ol>
            </li>
            <li>第二篇
                <ol type="1">
                    <li>第四章
                        <ol type="I">
                            <li>第一节</li>
                            <li>第二节</li>
                            <li>第三节</li>
                        </ol>
                    </li>
                    <li>第五章</li>
                    <li>第六章</li>
                </ol>
```

```
    </li>
  </ol>
</body>
</html>
```

代码运行的显示效果如图3-15所示。

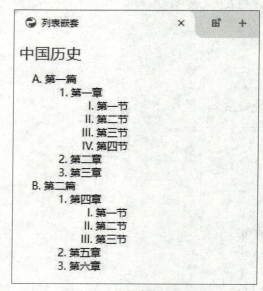

图 3-15　有序列表嵌套效果

课堂演练

练习列表的嵌套使用，实现如图3-16所示的列表样式。

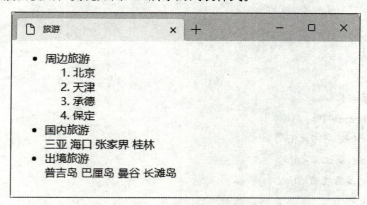

图 3-16　列表嵌套效果示意图

代码如下：

```
<!doctype html>
<html>
```

```
<head>
  <title>旅游</title>
</head>
<body>
  <ul>
    <li>周边旅游
      <ol>
        <li>北京 </li>
        <li>天津</li>
        <li>承德</li>
        <li>保定</li>
      </ol>
    </li>
    <li>国内旅游</li>
      三亚
      海口
      张家界
      桂林
    <li>出境旅游</li>
      普吉岛
      巴厘岛
      曼谷
      长滩岛
  </ul>
</body>
</html>
```

课后作业

目前的网页设计非常注重用户的交互体验，网页中实现交互体验的一个重要手段就是导航条的应用。学习完本章的基础知识，请大家尝试实现一个网页中header部分的导航条内容。导航条显示效果如图3-17所示，参考代码详见本章示例文件。

图3-17 导航条效果

第 **4** 章

表格和链接的应用

内容概要

在网页中使用表格可以实现多种布局方式，灵活、熟练地使用表格可以大大提升网页制作的效果。超链接是指从一个网页指向一个目标的连接关系，这个目标可以是另一个网页，也可以是相同网页上的不同位置，还可以是电子邮件地址、文件，甚至是一个应用程序。

数字资源

【本章示例文件】："示例文件\第4章"目录下

4.1 创建表格

表格是用于排列内容的最佳手段，在HTML页面中，绝大多数页面都是使用表格进行排版的。在HTML的语法中，表格主要通过3个标签来构成，即表格标签、行标签和单元格标签。

■4.1.1 表格的构成

表格是由行、列和单元格组成，可以使用表格标签<table>、行标签<tr>、单元格标签<td>创建表格，使用<caption>标签设置标题单元格，还可以使用<th>标签设置表头。下面将对这些标签的用法进行详细介绍。

语法描述：

```
<table>
  <tr>
    <td>单元格内的内容</td>
    <td>单元格内的内容</td>
  </tr>
</table>
```

语法说明：

<table>和</table>标签分别标志着一个表格的开始和结束，而<tr>和</tr>标签则分别表示表格中一行的开始和结束，表格中包含几组<tr>...</tr>就表示表格有几行，<td>和</td>标签表示一个单元格的开始和结束，在<tr>...</tr>之间有几组<td>...</td>就表示一行中包含几列。

示例：创建简单的表格。

示例代码如下：

```
<!doctype html>
<html>
<head>
  <meta http-equiv="Content-Type" content="text/html; charset=utf-8" />
  <title>表格的构成</title>
</head>
<body>
  <h3>插入表格的示例</h3>
  <table>
    <tr>
      <td>姓名</td>
      <td>地址</td>
```

```
      </tr>
      <tr>
        <td>张三</td>
        <td>徐州市财富广场</td>
      </tr>
    </table>
  </body>
</html>
```

代码运行的显示效果如图4-1所示。

图 4-1 表格效果

从图中可以看出网页中添加了一个两行两列的表格，但是这个表格没有边框线。

■4.1.2 表格的标题

在HTML的表格中，除了可以用<td>标签来设置表格的单元格以外，还可以通过<caption>标签来设置一种特殊的单元格——表格标题单元格。

语法描述：

```
<caption>表格的标题</caption>
```

示例：制作带标题的表格。

示例代码如下：

```
<!doctype html>
<html>
<head>
  <meta http-equiv="Content-Type" content="text/html; charset=utf-8" />
  <title>表格的标题</title>
</head>
<body>
  <h3>插入表格的示例</h3>
  <table>
    <caption>表格的标题</caption>
```

```
    <tr>
      <td>姓名</td>
      <td>地址</td>
    </tr>
    <tr>
      <td>张三</td>
      <td>徐州市财富广场</td>
    </tr>
  </table>
</body>
</html>
```

代码运行的显示效果如图4-2所示。需要说明的是，表格的标题一般位于整个表格的第1行且居中显示。为表格加一个标题行，就是在表格上方加一个没有边框的行。

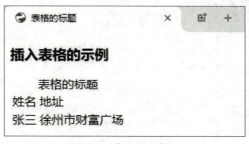

图 4-2 带标题的表格

■4.1.3 表格的表头

在表格中还有一种特殊的单元格，称其为表头，用<th>标签来标识。表格的表头一般位于表格标题行的下一行，若无表格标题行则为第1行，用来表示表格中每一列的内容类别。

语法描述：

```
<table>
  <tr>
    <th>单元格内的内容</th>
    <th>单元格内的内容</th>
  </tr>
</table>
```

示例：制作带表头的表格。

示例代码如下：

```
<!doctype html>
<html>
<head>
  <meta http-equiv="Content-Type" content="text/html; charset=utf-8" />
  <title>表格的表头</title>
</head>
<body>
  <h3>插入表格的示例</h3>
  <table>
    <caption>期末考试成绩单</caption>
    <tr>
      <th>姓名</th>
      <th>数学</th>
      <th>语文</th>
      <th>英语</th>
      <th>物理</th>
      <th>化学</th>
    </tr>
    <tr>
      <td>张淼</td>
      <td>91</td>
      <td>81</td>
      <td>95</td>
      <td>92</td>
      <td>85</td>
    </tr>
    <tr>
      <td>李鑫</td>
      <td>81</td>
      <td>91</td>
      <td>85</td>
      <td>72</td>
      <td>75</td>
    </tr>
    <tr>
      <td>王犇</td>
      <td>71</td>
```

```
        <td>98</td>
        <td>88</td>
        <td>90</td>
        <td>98</td>
      </tr>
    </table>
  </body>
</html>
```

代码运行的显示效果如图4-3所示。表格的头部标签与<td>标签的使用方法相同，但是表头的内容默认是加粗显示的。

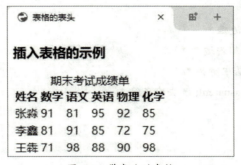

图 4-3　带表头的表格

4.2　设置表格属性

表格的基本属性包括表格的大小和对齐方式，下面一一讲解这些属性的具体用法。

■4.2.1　表格的宽度

默认情况下，表格的宽度是根据内容自动调整的，但是通常宽度是可以根据实际情况手动设置的。

语法描述：

```
width:属性值;
```

语法说明：

表格宽度的属性值可以是具体的像素值，也可以设置为浏览器总宽度的百分比。

示例：设置表格的宽度。

示例代码如下：

```
<!doctype html>
<html>
<head>
    <meta http-equiv="Content-Type" content="text/html; charset=utf-8" />
    <title>表格的宽度</title>
    <style>
        table {
            width: 70%; /* 设置表格的宽度为70% */
            border-collapse: collapse; /* 合并边框 */
            margin: 20px auto; /* 上下外边距，居中显示 */
        }
        th, td {
            border: none; /* 去除边框 */
            padding: 8px; /* 单元格内边距 */
            text-align: center; /* 居中对齐 */
            background-color: transparent; /* 去除底纹 */
        }
    </style>
</head>
<body>
    <h3>设置表格的宽度为70%</h3>
    <table>
        <caption>期末考试成绩单</caption>
        <tr>
            <th>姓名</th>
            <th>数学</th>
            <th>语文</th>
            <th>英语</th>
            <th>物理</th>
            <th>化学</th>
        </tr>
        <tr>
            <td>张淼</td>
            <td>91</td>
            <td>81</td>
            <td>95</td>
            <td>92</td>
```

```
            <td>85</td>
        </tr>
        <tr>
            <td>李鑫</td>
            <td>81</td>
            <td>91</td>
            <td>85</td>
            <td>72</td>
            <td>75</td>
        </tr>
        <tr>
            <td>王犇</td>
            <td>71</td>
            <td>98</td>
            <td>88</td>
            <td>90</td>
            <td>98</td>
        </tr>
    </table>
</body>
</html>
```

代码运行的显示效果如图4-4所示。如果将表格中的宽度值设置为像素值，那么当浏览器的大小发生变化时，表格不会随之改变大小。

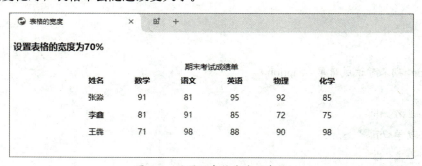

图 4-4　设置了表格宽度的表格

■ 4.2.2　表格的高度

设置表格高度的方法和设置表格宽度的方法相似，可以将表格的高度设置为固定的像素值，也可以将表格的高度设置为浏览器高度的百分比。

语法描述：

height: 属性值;

示例：设置表格的高度。

示例代码如下：

```
<!doctype html>
<html>
<head>
  <meta http-equiv="Content-Type" content="text/html; charset=utf-8" />
  <title>表格的高度</title>
  <style>
    table {
      width: 400px; /* 设置表格宽度 */
      margin: 20px auto; /* 上下外边距，居中显示 */
      border-collapse: collapse; /* 合并边框 */
      height: 300px; /* 设置表格的高度 */
    }
    th, td {
      border: none; /* 去除边框 */
      padding: 10px; /* 单元格内边距 */
      text-align: center; /* 居中对齐 */
      background-color: transparent; /* 去除底纹 */
    }
  </style>
</head>
<body>
  <table>
    <caption>期末考试成绩单</caption>
    <tr>
      <th>姓名</th>
      <th>数学</th>
      <th>语文</th>
      <th>英语</th>
      <th>物理</th>
      <th>化学</th>
    </tr>
    <tr>
      <td>张淼</td>
```

```
        <td>91</td>
        <td>81</td>
        <td>95</td>
        <td>92</td>
        <td>85</td>
    </tr>
    <tr>
        <td>李鑫</td>
        <td>81</td>
        <td>91</td>
        <td>85</td>
        <td>72</td>
        <td>75</td>
    </tr>
    <tr>
        <td>王犇</td>
        <td>71</td>
        <td>98</td>
        <td>88</td>
        <td>90</td>
        <td>98</td>
    </tr>
  </table>
</body>
</html>
```

　　代码运行的显示效果如图4-5所示。对于本例中的表格，无论浏览器的大小如何调节，表格的大小都不会改变。

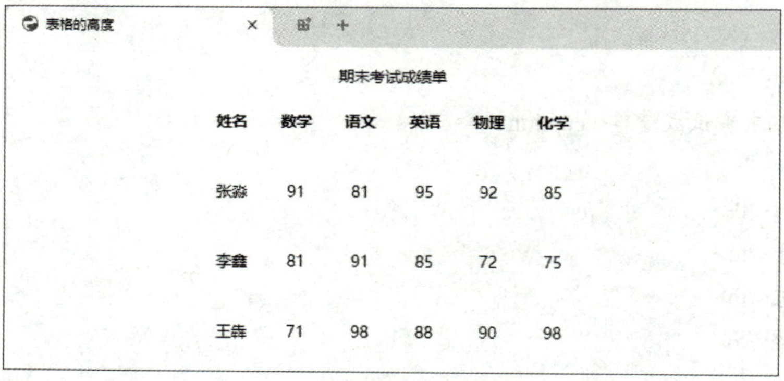

图 4-5　设置了宽度和高度的表格

■4.2.3　表格的对齐方式

表格的对齐方式用于设置整个表格在网页中的位置。

语法描述：

margin:属性值;

语法说明：

margin属性取值为auto时，会使左右外边距自动调整，从而实现居中效果。

示例：设置表格的对齐方式。

示例代码如下：

```html
<!doctype html>
<html>
<head>
  <meta http-equiv="Content-Type" content="text/html; charset=utf-8" />
  <title>表格的对齐方式</title>
  <style>
    table {
      width: 300px; /* 设置表格宽度 */
      height: 100px; /* 设置表格高度 */
      margin: 20px auto; /* 上下外边距20px，左右自动居中 */
      border-collapse: collapse; /* 合并边框 */
    }
    th, td {
      border: none; /* 去除边框 */
      padding: 5px; /* 单元格内边距 */
    }
  </style>
</head>
<body>
  <table>
    <caption>期末考试成绩单</caption>
    <tr>
      <th>姓名</th>
      <th>数学</th>
      <th>语文</th>
      <th>英语</th>
      <th>物理</th>
```

```
                <th>化学</th>
            </tr>
            <tr>
                <td>张淼</td>
                <td>91</td>
                <td>81</td>
                <td>95</td>
                <td>92</td>
                <td>85</td>
            </tr>
            <tr>
                <td>李鑫</td>
                <td>81</td>
                <td>91</td>
                <td>85</td>
                <td>72</td>
                <td>75</td>
            </tr>
        </table>
    </body>
</html>
```

代码运行的显示效果如图4-6所示。表格的默认对齐方式是左对齐，示例中设置了表格的对齐方式为居中对齐，如果需要实现表格右对齐，修改margin-right属性的属性值为0即可。

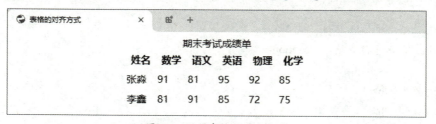

图4-6　设置表格的对齐方式

■4.2.4　表格的背景颜色

通常使用background-color属性来定义表格的背景颜色。需要注意的是，background-color属性定义的颜色是整个表格的背景颜色，如果行、列或者单元格被定义颜色，则会覆盖背景颜色。

语法描述：

```
background-color: 颜色值;
```

语法说明：

颜色值可以是十六进制值，也可以是颜色单词。

示例：美化表格。

示例代码如下：

```html
<!doctype html>
<html>
<head>
  <meta http-equiv="Content-Type" content="text/html; charset=utf-8" />
  <title>背景颜色</title>
  <style>
    table {
      border-collapse: collapse; /* 合并边框 */
      width: 300px; /* 设置表格宽度 */
      height: 100px; /* 设置表格高度 */
      background-color: #ffcc00; /* 设置背景颜色 */
    }
    th, td {
      border: 1px solid #000; /* 设置单元格边框 */
      padding: 4px; /* 设置单元格内边距 */
      text-align: center; /* 设置单元格内容居中 */
    }
  </style>
</head>
<body>
  <table>
    <caption>期末考试成绩单</caption>
    <tr>
      <th>姓名</th>
      <th>数学</th>
      <th>语文</th>
      <th>英语</th>
      <th>物理</th>
      <th>化学</th>
    </tr>
    <tr>
      <td>张淼</td>
      <td>91</td>
```

```
        <td>81</td>
        <td>95</td>
        <td>92</td>
        <td>85</td>
    </tr>
    <tr>
        <td>李鑫</td>
        <td>81</td>
        <td>91</td>
        <td>85</td>
        <td>72</td>
        <td>75</td>
    </tr>
  </table>
</body>
</html>
```

代码运行的显示效果如图4-7所示。

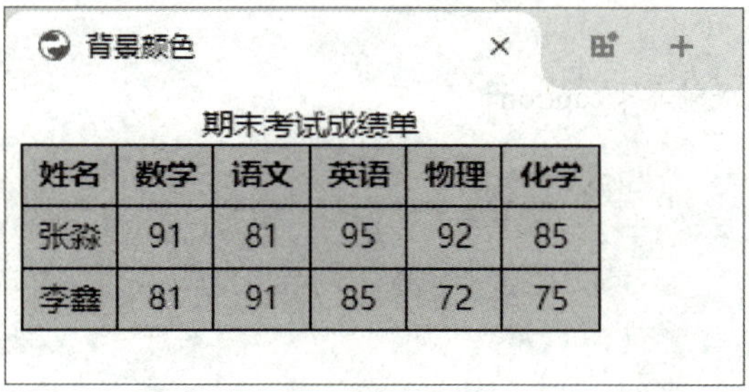

图 4-7　美化表格

除了可以设置表格的背景颜色之外，表格中行的背景颜色也是可以设置的，同样也是用background-color属性。需要说明的是，所设置的行的背景颜色只用于当前行，它会覆盖表格中设置的背景颜色，同时它又会被单元格的背景颜色覆盖。

示例：给表格行设置颜色。

示例代码如下：

```
<!doctype html>
<html>
<head>
  <meta http-equiv="Content-Type" content="text/html; charset=utf-8" />
  <title>行的背景颜色</title>
```

```
<style>
  /* 为特定行设置背景颜色 */
  .highlight {
    background-color: #FFFF66; /* 设置背景颜色 */
  }
  table {
    border-collapse: collapse; /* 合并边框 */
    width: 300px; /* 设置表格宽度 */
    height: 100px; /* 设置表格高度 */
  }
  th, td {
    border: 1px solid #000; /* 设置单元格边框 */
    padding: 4px; /* 设置单元格内边距 */
    text-align: center; /* 设置单元格内容居中 */
  }
</style>
</head>
<body>
  <table>
    <caption>期末考试成绩单</caption>
    <tr>
      <th>姓名</th>
      <th>数学</th>
      <th>语文</th>
      <th>英语</th>
      <th>物理</th>
      <th>化学</th>
    </tr>
    <tr class="highlight"> <!-- 使用类名来设置背景颜色 -->
      <td>张淼</td>
      <td>91</td>
      <td>81</td>
      <td>95</td>
      <td>92</td>
      <td>85</td>
    </tr>
    <tr>
```

```
            <td>李鑫</td>
            <td>81</td>
            <td>91</td>
            <td>85</td>
            <td>72</td>
            <td>75</td>
        </tr>
    </table>
</body>
</html>
```

代码运行的显示效果如图4-8所示。

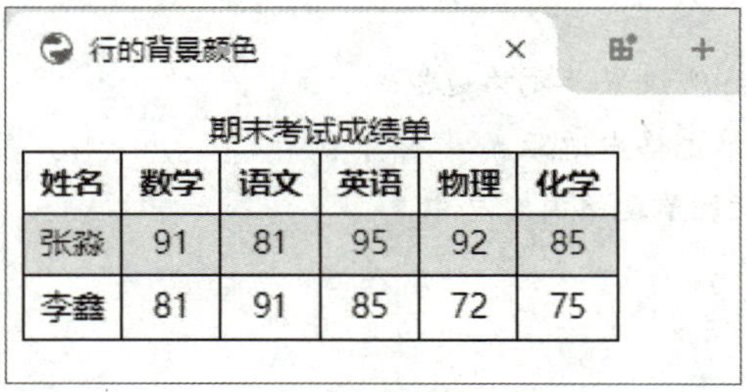

图 4-8　为行添加背景颜色

4.3　设置表格边框属性

使用border属性可以设置表格边框的粗细、颜色等效果，同时，单元格的间距也可以调整。

■4.3.1　表格的边框

从前面两节的示例中可以看出，默认情况下表格的边框是不显示的。为了使表格更加清晰，需要显示表格的边框，此时就需要使用border属性。border属性用于设置边框的宽度。

语法描述：

```
border:边框宽度 边框样式 边框颜色;
```

语法说明：

只有设定了border属性，且属性值不为0，在网页中才能显示出表格的边框。border属性值的单位是像素。

示例：设置表格的边框宽度。

示例代码如下：

```
<!doctype html>
<html>
<head>
  <meta http-equiv="Content-Type" content="text/html; charset=utf-8" />
  <title>表格的边框</title>
  <style>
    table {
      border-collapse: collapse; /* 合并边框 */
      width: 300px; /* 设置表格宽度 */
      height: 100px; /* 设置表格高度 */
      border: 1px solid black; /* 设置表格边框 */
    }
    th, td {
      border: 1px solid black; /* 设置单元格边框 */
      padding: 4px; /* 设置单元格内边距 */
      text-align: center; /* 设置单元格内容居中 */
    }
  </style>
</head>
<body>
  <table>
    <caption>期末考试成绩单</caption>
    <tr>
      <th>姓名</th>
      <th>数学</th>
      <th>语文</th>
      <th>英语</th>
      <th>物理</th>
      <th>化学</th>
    </tr>
    <tr>
      <td>张淼</td>
      <td>91</td>
      <td>81</td>
      <td>95</td>
      <td>92</td>
      <td>85</td>
```

```
        </tr>
        <tr>
            <td>李鑫</td>
            <td>81</td>
            <td>91</td>
            <td>85</td>
            <td>72</td>
            <td>75</td>
        </tr>
    </table>
</body>
</html>
```

代码运行的显示效果如图4-9所示。

图 4-9 设置表格的边框

表格边框的默认颜色是灰色，在网页设计中会显得比较单调，如果要更改表格边框的颜色就需要用到bordercolor属性了。bordercolor属性的语法描述如下：

```
<table bordercolor="颜色值">
```

■4.3.2 表格内框的宽度

表格内框的宽度是指表格内部各个单元格之间的宽度。设置内框宽度需要用到border-spacing属性。

语法描述：

```
border-spacing:属性值;
```

语法说明：
属性值的单位是像素。

示例：设置单元格之间的间距。

示例代码如下：

```html
<!doctype html>
<html>
<head>
  <meta http-equiv="Content-Type" content="text/html; charset=utf-8" />
  <title>内框宽度</title>
  <style>
    table {
      border-collapse: separate; /* 分离边框 */
      border-spacing: 6px; /* 设置单元格之间的间距 */
      width: 300px; /* 设置表格宽度 */
      height: 100px; /* 设置表格高度 */
      border: 1px solid black; /* 设置表格边框 */
    }
    th, td {
      border: 1px solid black; /* 设置单元格边框 */
      padding: 2px; /* 设置单元格内边距 */
      text-align: center; /* 设置单元格内容居中 */
      background-color: white; /* 设置单元格背景颜色 */
    }
  </style>
</head>
<body>
  <table>
    <caption>期末考试成绩单</caption>
    <tr>
      <th>姓名</th>
      <th>数学</th>
      <th>语文</th>
      <th>英语</th>
      <th>物理</th>
      <th>化学</th>
    </tr>
    <tr>
      <td>张淼</td>
      <td>91</td>
      <td>81</td>
      <td>95</td>
```

```
        <td>92</td>
        <td>85</td>
      </tr>
      <tr>
        <td>李鑫</td>
        <td>81</td>
        <td>91</td>
        <td>85</td>
        <td>72</td>
        <td>75</td>
      </tr>
    </table>
  </body>
</html>
```

代码运行的显示效果如图4-10所示。

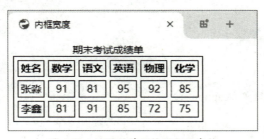

图 4-10　设置了单元格间距的表格

■4.3.3　文字与边框间距

单元格中的文字在没有设置的情况下都是紧贴单元格边框的，如果想要设置文字与边框的间距值就要用到padding属性。

语法描述：

```
padding:属性值;
```

语法说明：

属性值以像素为单位，一般可以根据需要设置，但要注意的是间距不能过大，因为这个值不止对左右距离有效，同时也设置了上下边距与文字的间距。

示例：设置单元格内容与边框的间距。

示例代码如下：

```html
<!doctype html>
<html>
<head>
    <meta http-equiv="Content-Type" content="text/html; charset=utf-8" />
    <title>文字与边框间距</title>
    <style>
        table {
            border-collapse: separate; /* 分离边框 */
            border-spacing: 6px; /* 设置单元格之间的间距 */
            width: 400px; /* 设置表格宽度 */
            height: 100px; /* 设置表格高度 */
        }
        th, td {
            border: 1px solid black; /* 设置单元格边框 */
            padding: 8px; /* 设置单元格内边距 */
        }
    </style>
</head>
<body>
    <table>
        <caption>期末考试成绩单</caption>
        <tr>
            <th>姓名</th>
            <th>数学</th>
            <th>语文</th>
            <th>英语</th>
            <th>物理</th>
            <th>化学</th>
        </tr>
        <tr>
            <td>张淼</td>
            <td>91</td>
            <td>81</td>
            <td>95</td>
            <td>92</td>
            <td>85</td>
        </tr>
        <tr>
```

```
            <td>李鑫</td>
            <td>81</td>
            <td>91</td>
            <td>85</td>
            <td>72</td>
            <td>75</td>
        </tr>
    </table>
</body>
</html>
```

代码运行的显示效果如图4-11所示。

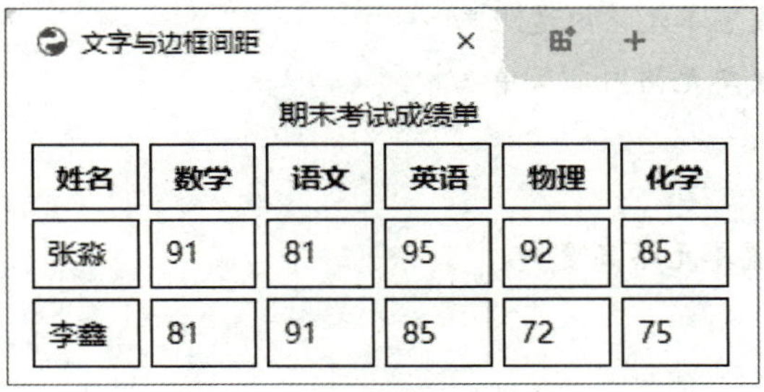

姓名	数学	语文	英语	物理	化学
张淼	91	81	95	92	85
李鑫	81	91	85	72	75

图 4-11　设置了间距的表格

4.4　设置单元格样式

单元格是表格中的基本单位，行内可以有多个单元格，每个单元格都可以设置不同的样式，如颜色、跨度、对齐方式等。单元格的样式可以覆盖整个表格或者所在行已经定义的样式。

■4.4.1　设置单元格的大小

如果不单独设置单元格的属性，其宽度和高度都会根据内容自动调整。若要单独设置单元格大小，就要通过width和height属性来进行设置。

语法描述：

```
width:属性值;
height: 属性值;
```

语法说明：

单元格的宽度和高度可以单独设置，其属性值的单位是像素。

示例：设置表格中单元格的大小。

示例代码如下：

```
<!doctype html>
<html>
<head>
  <meta http-equiv="Content-Type" content="text/html; charset=utf-8" />
  <title>单元格大小</title>
  <style>
    table {
        border-collapse: collapse; /* 合并边框 */
        width: 600px; /* 设置表格宽度 */
    }
    th, td {
        border: 1px solid black; /* 设置单元格边框 */
        padding: 10px; /* 设置单元格内边距 */
        text-align: center; /* 单元格内容居中 */
    }
    td {
        height: 50px; /* 设置单元格高度 */
    }
    /* 设置第1列宽度 */
    th:nth-child(1), td:nth-child(1) {
        width: 200px; /* 设置第1列的宽度 */
    }
    tr:nth-child(2) td { /* 针对第2行设置不同的高度 */
        height: 50px; /* 三年级的高度 */
    }
    tr:nth-child(3) td {
        height: 30px; /* 四年级的高度 */
    }
    tr:nth-child(4) td {
        height: auto; /* 五年级的高度，自动适应内容 */
    }
    tr:nth-child(5) td {
        height: auto; /* 六年级的高度，自动适应内容 */
    }
  </style>
</head>
<body>
```

```
<table>
    <caption>三到六年级平均分</caption>
    <tr>
        <th>班级</th>
        <th>平均分</th>
    </tr>
    <tr>
        <td>三年级</td>
        <td>85.6</td>
    </tr>
    <tr>
        <td>四年级</td>
        <td>86.5</td>
    </tr>
    <tr>
        <td>五年级</td>
        <td>85.1</td>
    </tr>
    <tr>
        <td>六年级</td>
        <td>82.3</td>
    </tr>
</table>
</body>
</html>
```

代码运行的显示效果如图4-12所示。

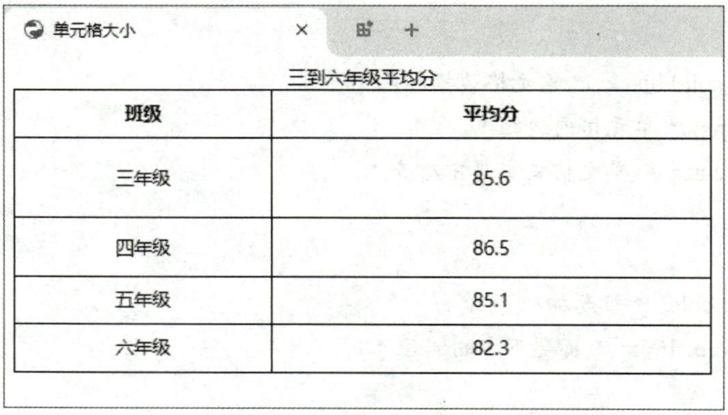

图 4-12 设置单元格大小

说明：如果某一行中设定了单元格的宽度，则其他行对应此单元格的列均不用再设定宽度，都会采用已设定的单元格的宽度；而高度设定只对一行起作用，一行中若不设定高度，则会按默认的高度。

■4.4.2　设置单元格跨度

在设计表格的时候，有时需要将两个或者几个相邻的单元格合并成一个单元格，这时就需要用到colspan属性或者rowspan属性。

语法描述：

```
<td colspan="跨的列数">
<td rowspan="跨的行数">
```

语法说明：

"跨的列数"就是这个单元格所跨列的个数，"跨的行数"就是单元格所跨行的个数。

示例：合并单元格。

示例代码如下：

```
<!doctype html>
<html lang="zh-CN">
<head>
  <meta charset="utf-8" />
  <title>跨的列数</title>
  <style>
    table {
      border-collapse: collapse; /* 合并边框 */
      width: 600px; /* 表格宽度 */
      border: 1px solid black; /* 表格边框颜色 */
    }
    th, td {
      border: 1px solid black; /* 单元格边框颜色 */
      padding: 10px; /* 单元格内边距 */
      text-align: center; /* 单元格文本居中对齐 */
    }
    caption {
      font-weight: bold; /* 标题加粗 */
      margin-bottom: 10px; /* 标题下方的间距 */
    }
    .highlight {
```

```
        background-color: #009999; /* 高亮单元格的背景颜色 */
        color: white; /* 高亮单元格的文字颜色 */
      }
      .merged-cell {
        background-color: #f0f0f0; /* 合并单元格的背景颜色 */
        font-weight: bold; /* 合并单元格文字加粗 */
      }
    </style>
  </head>
  <body>
    <table>
      <caption>四到六年级平均分</caption>
      <tr>
        <th>班级</th>
        <th>平均分</th>
      </tr>
      <tr>
        <td width="60" height="50">三年级</td>
        <td>85.6</td>
      </tr>
      <tr>
        <td height="30">四年级</td>
        <td>86.5</td>
      </tr>
      <tr>
        <td class="highlight">五年级</td>
        <td>85.1</td>
      </tr>
      <tr>
        <td colspan="2" class="merged-cell">六年级 平均分82.3</td>
      </tr>
    </table>
  </body>
</html>
```

　　代码运行的显示效果如图4-13所示。本例实现的是有一个水平跨度的表格，如需实现有垂直跨度（单元格跨行数）的表格，可使用rowspan属性。

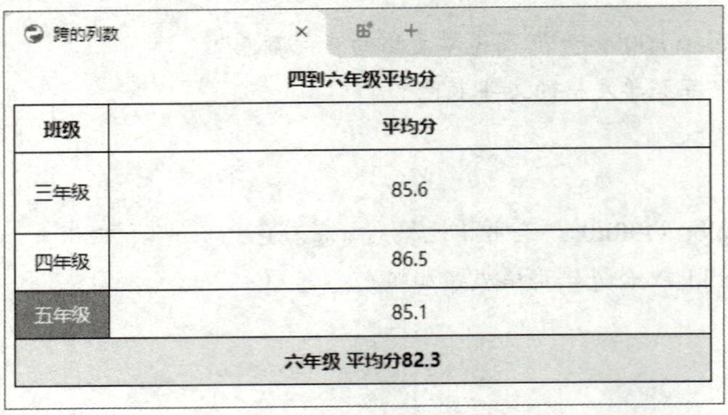

图 4-13　合并单元格

4.5　超链接的应用

超链接是指网页中指向其他目标的一种连接关系，这个目标可以是另一个网页，也可以是相同网页上的不同位置。超链接的标签为<a>，其相关属性及含义如下：

- **herf**：指定链接的地址。
- **name**：给链接命名。
- **title**：给链接设置提示文字。
- **target**：指定链接的目标窗口。
- **accesskey**：指定链接的热键。

■4.5.1　超链接的路径

在应用超链接之前，必须先了解清楚链接与被链接之间的路径，路径可分为相对路径和绝对路径两种。

1. 绝对路径

绝对路径是指从根目录开始查找一直到文件所处位置所要经过的所有目录，目录名之间用反斜杠（\）隔开。例如，A要查看B下载的电影，B告诉A，那部电影保存在"E:\视频\我的电影\"目录下，这种直接指明了文件所在的盘符和所在具体位置的完整路径，即为绝对路径。

例如：要显示Windows目录下的COMMAND目录中的DELTREE命令，其绝对路径为"C:\Windows\COMMAND\DELTREE.EXE"。

2. 相对路径

所谓相对路径，就是相对于自己的目标文件位置。如果A看到B已经打开了E分区窗口，这时B只需告诉A，他的文件保存在"视频\我的电影"目录下。像这种以当前文件夹为起始目录的路径，即为相对路径。一般在制作网页时，要链接的文件、图片等所使用的路径都是相对路径。这样做的目的在于防止网页或程序因文件存储路径发生变化而造成网页无法正常显示或程序无法正常运行的现象。

例如，制作的网页开始时存储的根目录是"D:\html"，图片的路径是"D:\html\pic"，当在"D:\html"里存储的一个网页文件中插入"D:\html\pic\xxx.jpg"图片，使用的路径只需要写"pic\xxx.jpg"即可，即相对路径。这样，如果把"D:\html"目录移动到"E:\"或者"C:\Windows\Help"目录中，那么打开html文件夹中的网页文件，都可以正常显示，不会发生因目录变动而出现文件路径出错的问题。

■4.5.2 内部链接

默认情况下，链接目标是在原来的浏览器窗口中打开，可以使用target属性来控制打开的目标窗口。

语法描述：

```
<a herf="链接目标" target="目标窗口的打开方式">
```

语法说明：

target有4个值：_blank、_self、_top、_parent。当target属性值是"_self"时，表示在当前页面中打开链接；当target属性值是"_blank"时，表示在一个全新的空白窗口中打开链接；当target属性值是"_top"时，表示在顶层框架中打开链接；当target属性值是"_parent"时，表示在父框架集中打开链接，如果当前页面没有父框架集，这个值的效果和"_self"相同。

示例：网页中的超链接。

示例代码如下：

```
<!doctype html>
<html lang="zh-CN">
<head>
  <meta charset="UTF-8">
  <meta name="viewport" content="width=device-width, initial-scale=1.0">
  <title>内部链接</title>
</head>
<body>
  <h1>苏轼</h1>
  <ol>
    <li><a href="#" target="_blank">江城子•乙卯正月二十日夜记梦</a></li>
    <li><a href="#" target="_parent">念奴娇•赤壁怀古</a></li>
    <li><a href="#" target="_self">江城子•密州出猎</a></li>
  </ol>
</body>
</html>
```

代码运行的显示效果如图4-14所示。

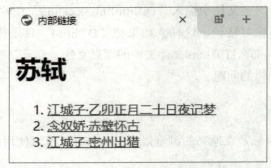

图 4-14　添加超链接的效果

■ 4.5.3　锚点链接

锚点链接的使用是为了方便用户查看文档的内容。在网页中经常会出现内容过多、页面过长的情况，此时就可以在文档中设定锚点进行锚点链接。

在创建锚点链接之前需要先创建锚点。

语法描述：

```
<a name="锚点的名称"></a>
```

或：

```
<p id="锚点的名称">内容</p>
```

示例：锚点链接的应用。

示例代码如下：

```
<!doctype html>
<html>
<head>
  <meta http-equiv="Content-Type" content="text/html; charset=utf-8" />
  <title>创建锚点链接</title>
  <style>
    /* CSS 样式 */
    table {
      width: 600px; /* 表格宽度 */
      border-collapse: collapse; /* 合并边框 */
      margin: auto; /* 居中表格 */
      background-color: #ffffff; /* 表格背景颜色 */
    }
```

```
    td {
        padding: 10px; /* 单元格内边距 */
        text-align: center; /* 单元格文本居中对齐 */
    }
    </style>
</head>
<body>
    <table>
        <tr>
            <td>念奴娇 赤壁怀古</td>
            <td>苏轼</td>
            <td>诗文</td>
        </tr>
        <tr>
            <td colspan="3"> </td>
        </tr>
        <tr>
            <td colspan="3">
                <p id="a">念奴娇 赤壁怀古</p>
                <p id="b">苏轼 宋</p>
                <p id="c">诗文<br />
                大江东去，浪淘尽，千古风流人物。<br />
                故垒西边，人道是，三国周郎赤壁。<br />
                乱石穿空，惊涛拍岸，卷起千堆雪。<br />
                江山如画，一时多少豪杰。<br />
                遥想公瑾当年，小乔初嫁了，雄姿英发。<br />
                羽扇纶巾，谈笑间，樯橹灰飞烟灭。(樯橹：一作强虏) <br />
                故国神游，多情应笑我，早生华发。<br />
                人生如梦，一尊还酹江月。(人生：一作人间；尊：通樽) <br />
                </p>
            </td>
        </tr>
    </table>
</body>
</html>
```

锚点名称可以设置为数字，也可以设置为字母，但同一个网页中的锚点名称不可重名。如代码中的"a""b""c"均为锚点。建立锚点后在浏览器中的显示效果如图4-15所示。

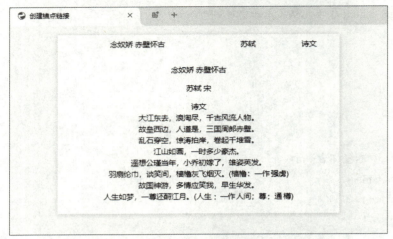

图 4-15　建立锚点

创建完锚点之后，就可以为锚点创建链接了，利用锚点可以链接到相应的位置。

语法描述：

```
<a href="#锚点名称">...</a>
```

示例：创建锚点并为锚点添加链接。

示例代码如下：

```html
<!doctype html>
<html>
<head>
  <meta http-equiv="Content-Type" content="text/html; charset=utf-8" />
  <title>创建锚点链接</title>
  <style>
    /* CSS 样式 */
    table {
      width: 600px; /* 表格宽度 */
      border-collapse: collapse; /* 合并边框 */
      margin: auto; /* 居中表格 */
    }
    td {
      padding: 10px; /* 单元格内边距 */
      text-align: center; /* 单元格文本居中对齐 */
    }
```

```
        a {
            text-decoration: none; /* 去除链接下划线 */
            color: #000; /* 链接颜色 */
        }
        a:hover {
            text-decoration: underline; /* 悬停时添加下划线 */
            color: #007BFF; /* 悬停颜色 */
        }
    </style>
</head>
<body>
    <table>
        <tr>
            <td><a href="#a">念奴娇 赤壁怀古</a></td>
            <td><a href="#b">苏轼</a></td>
            <td><a href="#c">诗文</a></td>
        </tr>
        <tr>
            <td colspan="3"> </td>
        </tr>
        <tr>
            <td colspan="3">
                <p id="a">念奴娇 赤壁怀古</p>
                <p id="b">苏轼 宋</p>
                <p id="c">诗文<br />
                大江东去，浪淘尽，千古风流人物。<br />
                故垒西边，人道是，三国周郎赤壁。<br />
                乱石穿空，惊涛拍岸，卷起千堆雪。<br />
                江山如画，一时多少豪杰。<br />
                遥想公瑾当年，小乔初嫁了，雄姿英发。<br />
                羽扇纶巾，谈笑间，樯橹灰飞烟灭。(樯橹：一作强虏) <br />
                故国神游，多情应笑我，早生华发。<br />
                人生如梦，一尊还酹江月。(人生：一作人间；尊：通樽) <br />
                </p>
            </td>
        </tr>
    </table>
```

```
  </body>
  </html>
```

　　代码在浏览器中显示的效果如图4-16所示。当文档内容不能完全显示时，单击相应的锚点，如"诗文"，将跳转至下方的"诗文"区域。

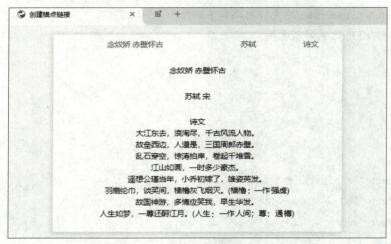

图 4-16　锚点链接效果

■4.5.4　外部链接

　　外部链接包括链接到外部网站、E-mail地址、文件下载地址等。

1. 链接到外部网站

在制作网页时常常需要链接到外部网站。

语法描述：

```
<a href=外部网站地址>...</a>
```

示例：创建友情链接页面。

　　示例代码如下：

```
<!doctype html>
<html>
<head>
  <meta http-equiv="Content-Type" content="text/html; charset=utf-8" />
  <title>链接到外网</title>
</head>
<body>
  <p>友情链接</p>
```

```
  <p><a href= "https://item.jd.com/12719908620.html" >京东商城</a></p>
  <p><a href= "http://product.dangdang.com/24568732.html" >当当图书</a></p>
<body>
</html>
```

设置链接的显示效果如图4-17所示。当单击"京东商城"时，会跳转到外部京东的网站。

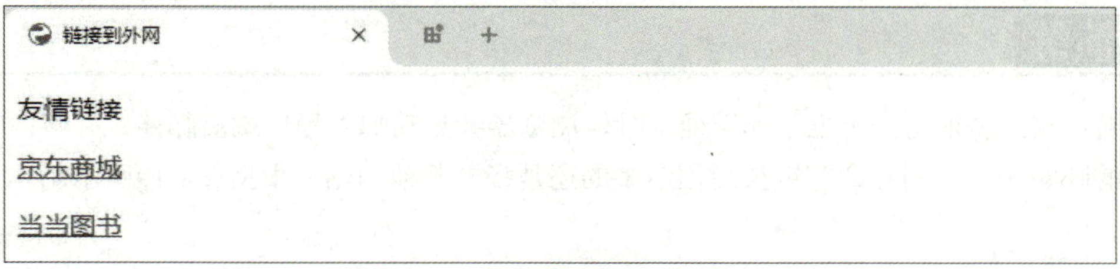

图 4-17　友情链接显示效果

2. 链接到邮件地址

有时，网站浏览者想向网站反馈自己的意见和建议，此时就要用E-mail链接。在E-mail链接中，收件人的邮件地址由E-mail超链接指定，不需要浏览者输入。

语法描述：

```
<a href="mailto:邮箱地址">...</a>
```

示例：创建邮件链接。

示例代码如下：

```
<!doctype html>
<html>
<head>
  <meta http-equiv="Content-Type" content="text/html; charset=utf-8" />
  <title>创建邮件链接</title>
</head>
<body>
  <p>如果还需要购买书，请到我们授权的平台购买正版书籍</p>
  <p><a href= "mailto:dssf007@qq.com" >您可以在此输入您对本书的建议，或者还需要购买什么书
  </a></p>
<body>
</html>
```

代码在浏览器中显示的效果如图4-18所示。单击图4-18中带链接的那行文字，就可以链接到mailto:后面输入的电子邮箱了。

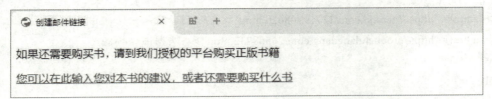

图 4-18 邮件链接

课堂演练

当超链接的地址是一个电子邮箱地址时，浏览器会启动邮件程序编辑邮件，并将内容发送到设定的邮箱地址。当然，超链接使用最多的还是指向其他网站，根据图4-19所示制作一个导航网页。

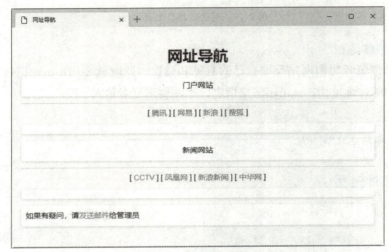

图 4-19 网址导航

代码如下：

```
<!DOCTYPE html>
<html lang="zh-CN">
<head>
  <meta charset="UTF-8">
  <meta name="viewport" content="width=device-width, initial-scale=1.0">
  <title>网址导航</title>
  <style>
    body {
      font-family: Arial, sans-serif; /* 设置字体 */
      background-color: #f9f9f9; /* 背景颜色 */
      margin: 0; /* 去除默认边距 */
```

```
        padding: 20px; /* 添加内边距 */
    }
    h1 {
        text-align: center; /* 标题居中 */
        color: #333; /* 标题颜色 */
    }
    p {
        margin: 15px 0; /* 段落上下间距 */
        line-height: 1.6; /* 行高 */
        background-color: #fff; /* 段落背景颜色 */
        padding: 10px; /* 段落内边距 */
        border-radius: 5px; /* 圆角 */
        box-shadow: 0 2px 5px rgba(0, 0, 0, 0.1); /* 添加阴影效果 */
    }
    hr {
        border: none; /* 去除默认边框 */
        height: 1px; /* 设置高度 */
        background-color: #ccc; /* 设置颜色 */
        margin: 10px 0; /* 上下间距 */
    }
    .link {
        color: #007BFF; /* 链接颜色 */
        text-decoration: none; /* 去除下划线 */
    }
    .link:hover {
        text-decoration: underline; /* 悬停时添加下划线 */
    }
    .center {
        text-align: center; /* 居中内容 */
    }
    </style>
</head>
<body>
    <h1>网址导航</h1>
    <div class="center">
        <p>
            门户网站
```

```
        <hr/>
        [ <a class="link" href="http://www.qq.com">腾讯</a> ]
        [ <a class="link" href="http://www.163.com">网易</a> ]
        [ <a class="link" href="http://www.sina.com.cn">新浪</a> ]
        [ <a class="link" href="http://www.sohu.com">搜狐</a> ]
    </p>
    <p>
        新闻网站
        <hr/>
        [ <a class="link" href="http://www.cctv.com">CCTV</a> ]
        [ <a class="link" href="http://www.ifeng.com">凤凰网</a> ]
        [ <a class="link" href="http://news.sina.com.cn">新浪新闻</a> ]
        [ <a class="link" href="http://www.china.com">中华网</a> ]
    </p>
</div>
<p>如果有疑问，请<a class="link" href="mailto:deshengshufang@163.com">发送邮件</a>给管理
员</p>
</body>
</html>
```

课后作业

在网页设计中，表格的使用是非常普遍的，下面做一个简单的练习来巩固之前学习的表格知识，网页的显示效果如图4-20所示，参考代码详见本章示例文件，该表格是一个简单的一季度收支统计表。

月份	1月	2月	3月
支出	3.62万	4.75万	4.21万
收入	7.66万	9.23万	8.25万

图 4-20　一季度收支统计表

第 **5** 章

网页多媒体的应用

内容概要

　　多媒体可以来自多种不同的格式，包括文字、图片、音乐、音效、录音、电影和动画等，几乎涵盖了用户可以听到或看到的任何内容。在互联网上，用户经常会发现嵌入网页中的多媒体元素。目前的主流浏览器已经支持多种多媒体格式，这使得它们能够被广泛访问和使用。

数字资源

【本章示例文件】："示例文件\第5章"目录下

5.1　插入多媒体

给网页插入多媒体可以使单调的网页变得更加有吸引力，使浏览者更有兴趣了解网页的内容。网页中的多媒体主要包括音频和视频等。

在HTML中播放音频和视频并不容易，需要熟悉大量技巧，以确保音频文件或视频文件在所有浏览器中和所有硬件上都能够播放。在HTML5之前通常使用<embed>标签将播放插件嵌入到HTML页面中，现在已不建议使用<embed>标签了，HTML5提供了新的<audio>、<video>标签替代此标签。但是为了方便读者读懂以前的代码，本节对用<embed>标签实现音频、视频的播放进行简单介绍。

嵌入音频的语法描述：

```
<embed height="插件高度" width="插件宽度" src="路径.mp3"></embed>
```

示例：在页面中添加一首歌。

示例代码如下：

```
<!doctype html>
<html>
<head>
    <meta http-equiv="Content-Type" content="text/html; charset=utf-8" />
    <title>插入音频</title>
</head>
<body>
    <embed height="300" width="300" src="matisyahu - One Day.mp3"></embed>
</body>
</html>
```

代码的运行效果如图5-1所示。由运行效果可以看到，页面中添加了MP3音乐播放效果，且设置了显示的大小。

图 5-1　添加了音乐文件的效果

嵌入视频的语法描述：

```
<embed src= "视频文件地址" width= "多媒体的宽度" height= "多媒体的高度" type="video/webm" >
</embed>
```

示例：在页面中嵌入视频。

示例代码如下：

```
<!doctype html>
<html>
<head>
    <meta http-equiv="Content-Type" content="text/html; charset=utf-8" />
    <title>插入视频</title>
</head>
<body>
    在网页中插入视频的效果
    <embed src= "media/shipin.mp4" width= "400" height= "400" type="video/webm"></embed>
</body>
</html>
```

代码运行的显示效果如图5-2所示。

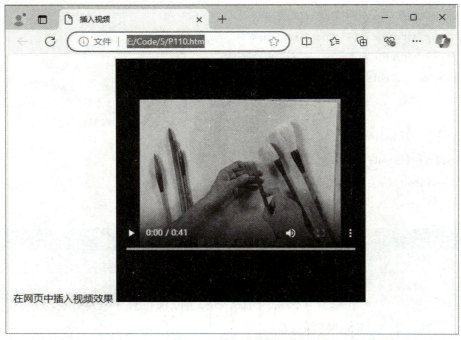

图 5-2　添加视频的效果

5.2　audio和video的应用

HTML5中，在网页中嵌入音频和视频内容的标准标签分别是<audio>和<video>。这两个标签使得在网页中集成多媒体内容变得更加简单和灵活，且无须依赖第三方插件。

■5.2.1　audio与video简介

1. audio元素

audio元素用于在网页中嵌入音频文件，常见的音频文件格式包括MP3、WAV和OGG等。语法描述：

```
<audio controls>
  <source src="audiofile.mp3" type="audio/mpeg">
  <source src="audiofile.ogg" type="audio/ogg">
  Your browser does not support the audio element.
</audio>
```

2. video元素

video元素用于在网页中嵌入视频文件，常见的视频文件格式包括MP4、WebM和OGG等。语法描述：

```
<video width="宽度" height="高度" controls>
  <source src="videofile.mp4" type="video/mp4">
  <source src="videofile.webm" type="video/webm">
  Your browser does not support the video tag.
</video>
```

3. 属性、方法和事件

（1）audio和video的相关属性

audio和video的相关属性如表5-1所示。

表 5-1　属性列表

属　　性	描　　述
src	用于指定媒体资源的URL地址
autoplay	资源加载后自动播放
buffered	用于返回一个TimeRanges对象，确认浏览器已经缓存媒体文件
controls	提供用于播放的控制条
currentSrc	返回媒体数据的URL地址
currentTime	获取或设置当前的播放位置，单位为秒

（续表）

属　　　性	描　　　述
defaultPlaybackRate	返回默认播放速度
duration	获取当前媒体的持续时间
loop	设置或返回是否循环播放
muted	设置或返回是否静音
networkState	返回音频/视频当前网络状态
paused	检查音频/视频是否已暂停
playbackRate	设置或返回音频/视频的当前播放速度
played	返回TimeRanges对象。TimeRanges表示用户已经播放的音频/视频范围
preload	设置或返回是否自动加载音频/视频资源
readyState	返回音频/视频当前就绪状态
seekable	返回TimeRanges对象，表明可以对当前媒体资源进行请求
seeking	返回是否正在请求数据
volume	设置或返回音量大小的值，值为0到1.0之间的数值

（2）audio和video的相关方法

audio和video的相关方法如表5-2所示。

表5-2　方法列表

方　　　法	描　　　述
canPlayType()	检测浏览器是否能播放指定的音频/视频
load()	重新加载音频/视频元素
pause()	停止当前播放的音频/视频
play()	开始播放当前音频/视频

（3）audio和video的相关事件

audio和video的相关事件如表5-3所示。

表5-3　事件列表

事　　　件	描　　　述
canplay	当浏览器能够开始播放指定的音频/视频时，发生此事件
canplaythrough	当浏览器能够在不停下来进行缓冲的情况下持续播放指定的音频/视频时，发生此事件
durationchange	当音频/视频的时长数据发生变化时，发生此事件
loadeddata	当前帧数据已加载，但却没有足够的数据来播放指定音频/视频的下一帧时，会发生此事件

（续表）

事　件	描　述
loadedmatadata	当指定的音频/视频的元数据已加载时，会发生此事件。元数据包括时长、尺寸（仅视频）以及文本轨道
loadstart	当浏览器开始寻找指定的音频/视频时，发生此事件
progress	正在下载指定的音频/视频时，发生此事件
abort	音频/视频终止加载时，发生此事件
ended	音频/视频播放完成后，发生此事件
error	当音频/视频加载错误时，发生此事件
pause	音频/视频暂停时，发生此事件
play	开始播放时发生此事件
playing	因缓冲而暂停或停止后，再次就绪时触发此事件
ratechange	当音频/视频播放速度发生改变时，发生此事件
seeked	当用户已移动、跳跃到音频/视频中的新位置时，发生此事件
seeking	当用户开始移动、跳跃到新的音频视频播放位置时，发生此事件
stalled	浏览器尝试获取媒体数据，但数据不可用时触发此事件
suspend	浏览器刻意不加载媒体数据时触发此事件
timeupdate	播放位置发生改变时触发此事件
volumechange	音量发生改变时触发此事件
waiting	视频由于需要缓冲而停止时触发此事件

■5.2.2　audio元素的应用

示例：插入音频。

示例代码如下：

```
<!doctype html>
<html lang="en">
<head>
  <meta charset="UTF-8">
  <meta name="viewport" content="width=device-width, initial-scale=1.0">
  <title>Audio Player</title>
</head>
<body>
  <audio id="player" controls>
    <source src="Indended.mp3" type="audio/mpeg">
```

```
    <source src="Indended.ogg" type="audio/ogg">
    Your browser does not support the audio element.
  </audio>
  <hr/>
  <!-- 为audio元素添加4个按钮，分别是播放、暂停、增加声音和减小声音 -->
  <input type="button" value="播放" onclick="document.getElementById('player').play()">
  <input type="button" value="暂停" onclick="document.getElementById('player').pause()">
  <input type="button" value="增加声音" onclick="changeVolume(0.1)">
  <input type="button" value="减小声音" onclick="changeVolume(-0.1)">


  <script>
    function changeVolume(amount) {
      var player = document.getElementById('player');
      player.volume = Math.min(1, Math.max(0, player.volume + amount));
    }
  </script>
</body>
```

代码运行的显示效果如图5-3所示。

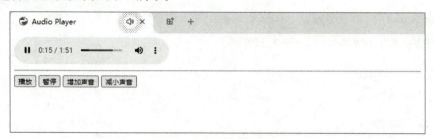

图 5-3　audio 元素的应用效果

■5.2.3　video元素的应用

示例：插入视频。

示例代码如下：

```
<!doctype html>
<html lang="zh">
<head>
  <meta charset="UTF-8" />
  <title>Video Test</title>
  <script type="text/javascript">
```

```
    function init() {
        const video = document.getElementById("video1");

        video.addEventListener("ended", () => alert("播放结束。"));
        video.addEventListener("error", () => {
            const errorMessages = {
                1: "视频的下载过程被中止。",
                2: "网络发生故障，视频的下载过程被中止。",
                3: "解码失败。",
                4: "不支持播放的视频格式。"
            };
            alert(errorMessages[video.error.code] || "发生未知错误。");
        });
    }

    function play() {
        document.getElementById("video1").play();
    }

    function pause() {
        document.getElementById("video1").pause();
    }
</script>
</head>
<body onload="init()">
    <video id="video1" src="shipin.mp4" width="640" height="360" controls></video>
    <br/>
    <button onclick="play()">播放</button>
    <button onclick="pause()">暂停</button>
</body>
```

代码运行的显示效果如图5-4所示。

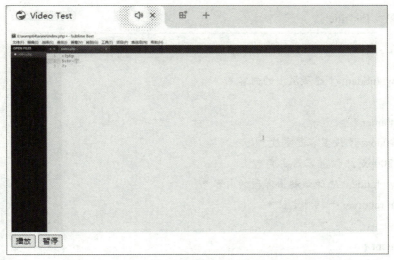

图 5-4　video 元素的应用效果

课堂演练

本章的课堂练习是实现图片的轮播效果，当鼠标光标放在图片上的时候，图片轮播停止。按照图5-5所示的效果制作出相应的页面。

图 5-5　设置轮播效果

代码如下：

```html
<!doctype html>
<html>
<head>
  <meta charset="utf-8">
```

```
    <title>无标题文档</title>
    <style>
      body {
        overflow: hidden; /* 隐藏溢出的内容 */
      }
      .scroll-container {
        width: 200px; /* 设置容器宽度 */
        height: 300px; /* 设置容器高度 */
        overflow: hidden; /* 隐藏超出容器的内容 */
        position: relative; /* 相对定位 */
      }
      .scroll-content {
        position: absolute; /* 绝对定位 */
        width: 100%; /* 宽度100% */
        animation: scroll-up 10s linear infinite; /* 动画效果 */
      }
      @keyframes scroll-up {
        0% {
          transform: translateY(100%); /* 从底部开始 */
        }
        100% {
          transform: translateY(-100%); /* 滚动到顶部 */
        }
      }
      .scroll-content a {
        display: block; /* 使链接块级化，便于单击 */
      }
    </style>
</head>
<body>
  <div class="scroll-container">
    <div class="scroll-content" onmouseover="this.style.animationPlayState='paused'"
onmouseout="this.style.animationPlayState='running'">
      <a target="cont" href="timg.jpg">
        <img src="timg.jpg" width="200" height="330" border="0" alt="描述图像1">
      </a>
      <a target="cont" href="timg.jpg">
```

```
        <img src="timg.jpg" width="330" height="200" border="0" alt="描述图像2">
      </a>
    </div>
  </div>
</body>
</html>
```

课后作业

　　打开网页时常常会看到一些视频文件直接开始运行，不需要手动开始。例如，浏览网页时弹出的广告，广告内容是自动播放的。本章的课后练习要求实现的页面效果如图5-6所示，页面上放两个视频文件，上方的视频文件要求自动播放，下方的视频文件需要手动播放。参考代码详见本章示例文件。

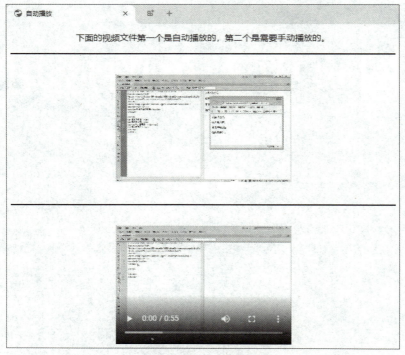

图 5-6　视频自动播放效果

第6章

网页中表单的应用

内容概要

表单主要用于收集用户提供的信息，使网页具备交互功能。在制作动态网页时，表单被广泛应用，如会员注册页面、网上调查页面等。访问者可以通过文本框、列表框、复选框和单选按钮等表单对象输入信息，并在单击提交按钮时将所填写的信息发送出去。

数字资源

【本章示例文件】："示例文件\第6章"目录下

6.1　表单的基本标签

在网页制作过程中，特别是动态网页，一般都会用到表单。<form>标签用来创建表单，并可在<form>标签中设置表单的基本属性。

■6.1.1　<form>标签

表单中的所有字段都需要写在<form></form>标签对中。

语法描述：

<form action="执行程序地址" method="传递方式" >...</form>

语法说明：

- action指定提交这个表单要执行的处理程序。当用户提交表单时，服务器会根据action指定的程序处理表单内容。
- method指定的传递方式可选择"get"或"post"两种。

示例：制作一个简单的表单。

示例代码如下：

```
<!doctype html>
<html>
<head>
  <meta http-equiv="Content-Type" content="text/html; charset=utf-8" />
  <title>form标签</title>
</head>
<body>
  <form action="form_action.asp" method="get">
    <p>姓名：<input type="text" name="fname"></p>
    <p>密码：<input type="password" name="pwd"></p>
    <input type="submit" value="确定" />
  </form>
</body>
</html>
```

上述代码在浏览器中显示的效果如图6-1所示。

图 6-1　简单的表单

■6.1.2 ＜input＞标签

表单中的各个表单项，除了组合框、文本区域外，几乎所有的字段都需要用＜input＞标签来定义。在＜input＞标签中，必须要指定name和value属性，并通过type属性定义类型。另外，＜input＞标签没有结束标签。

语法描述：

```
<input type="类型" name="名称" value="取值">
```

type属性可以选择的主要类型如下：

- **text**：表示类型为文本框。
- **button**：表示类型为普通按钮。
- **checkbox**：表示类型为复选框。
- **radio**：表示类型为单选按钮。
- **hidden**：表示类型为隐藏域。
- **image**：表示类型为图像按钮。
- **password**：表示类型为密码域。
- **submit**：表示类型为提交按钮。
- **reset**：表示类型为重置按钮。
- **file**：表示类型为文件域。

另外，name属性用于指定表单元素的名称，由于处理表单的程序要确定数据的来源，一般需要通过name属性指定；value属性用于指定表单元素的默认值。

示例：＜input＞标签的简单应用。

示例代码如下：

```
<!doctype html>
<html>
<head>
    <meta http-equiv="Content-Type" content="text/html; charset=utf-8" />
    <title>input标签</title>
</head>
<body>
    <form action="form_action.asp" method="get">
        <p>女 <input type="radio" value="女" name= "性别" ></p>
    </form>
</body>
</html>
```

代码在浏览器中的显示效果如图6-2所示。

图6-2　input应用的显示效果

■6.1.3　<textarea>标签

<textarea>标签用于定义多行的文本输入。文本区中可容纳无限数量的文本，其中，文本的默认字体是等宽字体。<textarea>标签中可以通过cols和rows属性来规定textarea元素的尺寸。

语法描述：

<textarea name="名称" cols="列数" row="行数" wrap="换行方式">文本内容</textarea>

语法说明：

换行方式中，如果设置为"hard"，表示文本在到达元素最大宽度时，浏览器自动插入换行符，提交表单时也提交插入的换行符，此时必须指定cols属性；如果设置为"soft"（默认），表示文本在到达最大宽度时换行显示，但不插入换行符。

示例：文本的输入。

示例代码如下：

```
<!doctype html>
<html>
<head>
  <meta http-equiv="Content-Type" content="text/html; charset=utf-8" />
  <title> textarea标签</title>
</head>
<body>
  <form action="form_action.asp" method="get">
    <textarea name="content" cols="40" rows="3" wrap="soft">
      十年生死两茫茫，不思量，自难忘。千里孤坟，无处话凄凉。纵使相逢应不识，尘满面，鬓如霜。
      夜来幽梦忽还乡，小轩窗，正梳妆。相顾无言，惟有泪千行。料得年年肠断处，明月夜，短松冈。
    </textarea>
  </form>
</body>
</html>
```

上述代码在浏览器中显示的效果如图6-3所示。

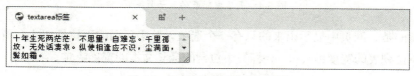

图6-3　textarea应用的显示效果

■6.1.4 <select>标签

使用<select>标签可以生成一个列表。

语法描述：

```
<select multiple size="可见选项数">
  <option value="值">
  ...
</select>
```

示例：表单的列表标签应用。

示例代码如下：

```
<!doctype html>
<html>
<head>
  <meta http-equiv="Content-Type" content="text/html; charset=utf-8" />
  <title>select标签</title>
</head>
<body>
  <form action="form_action.asp" method="get">
    <select name="1">
      <option value="美食小吃">美食小吃</option>
      <option value="火锅">火锅</option>
      <option value="麻辣烫">麻辣烫</option>
      <option value="砂锅">砂锅</option>
    </select>
  </form>
</body>
</html>
```

代码在浏览器中显示的效果如图6-4所示。

图6-4　表单中列表的显示效果

需要注意的是，网页中显示出来的只有一个选项，单击后面的下拉按钮才会看到全部的选项。另外，下拉列表的宽度由<option>标签中包含的最长文本的宽度决定。

6.2　表单的基本属性

表单也有很多属性，在网页中可根据需要进行设置。

■6.2.1　action属性

action属性用于指定表单提交到哪里进行处理。

语法描述：

<form action="处理程序">...</form>

语法说明：

处理程序是指处理表单中收集到的信息的程序。

示例：表单的提交程序。

示例代码如下：

```
<!doctype html>
<html>
<head>
  <meta http-equiv="Content-Type" content="text/html; charset=utf-8" />
  <title>提交程序</title>
</head>
<body>
  <form action="form_action.asp">
  </form>
</body>
</html>
```

■6.2.2　name属性

给表单命名就需要用到name属性。该属性不是表单中必须的，使用它只是为了区别提交到后台的表单，以免出现混乱。

语法描述：

<form name="表单名称">...</form>

示例：表单中name属性的用法。

示例代码如下：

```
<!doctype html>
<html>
<head>
    <meta http-equiv="Content-Type" content="text/html; charset=utf-8" />
    <title>表单名称</title>
</head>
<body>
    <form name="form1" action="form_action.asp">
    </form>
</body>
</html>
```

需要注意的是，name属性设置的名称中不能有空格或者特殊字符。

■6.2.3　method属性

在表单中的method属性主要是用来指定在表单的数据提交到服务器时使用的HTTP方法，其取值可以是get或post，默认为get方式。

语法描述：

```
<form method="传送方式">...</form>
```

语法说明：

- **POST**：数据在请求主体中发送，适合提交数据，尤其是敏感信息。
- **GET**：数据附加在URL中发送，适合获取数据，不适合发送大量信息或敏感信息。

示例：表单的传送方式。

示例代码如下：

```
<!doctype html>
<html>
<head>
    <meta http-equiv="Content-Type" content="text/html; charset=utf-8" />
    <title>表单的传送方式</title>
</head>
<body>
    <form name="form1" action="form_action.asp" method="post">
    </form>
</body>
</html>
```

■6.2.4 enctype属性

enctype属性用于设置表单信息提交的编码方式，默认为url-encoded。

语法描述：

```
<form enctype="编码方式">...</form>
```

示例：表单信息提交的编码方式。

示例代码如下：

```
<!doctype html>
<html>
<head>
    <meta http-equiv="Content-Type" content="text/html; charset=utf-8" />
    <title>表单名称</title>
</head>
<body>
    <form name="form1" action="form_action.asp" method= "post" enctype= "application/x-www-form-
urlencoded" >
    </form>
</body>
</html>
```

代码中的编码方式是默认的编码方式。当enctype属性取值为"multipart/form-data"时，代表的含义是MIME编码，上传文件的表单必须选择该值。

■6.2.5 target属性

target属性用于指定目标窗口的打开方式。

语法描述：

```
<form target="窗口打开方式">...</form>
```

语法说明：

窗口打开方式有4个选项：_blank、_parent、_self和_top。这4个选项的作用介绍如下：

- **_blank**：在新窗口中打开目标链接。
- **_parent**：在上一级窗口中打开目标链接。
- **_self**：在同一个窗口中打开目标链接。
- **_top**：在浏览器整个窗口中打开目标链接。

示例：窗口的打开方式。

示例代码如下：

```
<!doctype html>
<html>
<head>
  <meta http-equiv="Content-Type" content="text/html; charset=utf-8" />
  <title>表单名称</title>
</head>
<body>
  <form name="form1" action="form_action.asp" method= "post" enctype= "application/x-www-form-
urlencoded"  target= "_top" >
  </form>
</body>
</html>
```

上述代码中选择的目标窗口打开方式为"_top"，即在整个浏览器窗口中载入所链接的文件，因而会删除之前打开的所有文件。

6.3 表单对象的应用

表单中可以包含文本框、多行文本框、密码框、隐藏域、复选框、单选框和下拉列表框等，用于采集用户输入或选择的数据。

■6.3.1 文本框

文本框是一种让访问者自行输入内容的表单对象，通常被用来填写简短的信息，如姓名、地址等。

语法描述：

```
<input name="控件名称" type="text" value="字段默认值" size="控件的长度" maxlength="最长字符数" />
```

属性说明：

- **name**：文本框的名称。
- **type**：用来指定插入的表单元素的类型，"text"表示是文本框。
- **value**：用来定义文本框的默认值。
- **size**：用来确认以字符为单位的文本框在页面中显示的长度。
- **maxlength**：用来设定文本框中最多可以输入的字符数。

示例：表单中文本框的用法。

示例代码如下：

```
<!doctype html>
<html>
<head>
    <meta http-equiv="Content-Type" content="text/html; charset=utf-8" />
    <title>文本域</title>
</head>
<body>
    <form action= "form_action.asp" method="get" name= "form2" >
    姓名：
    <input name= "name" type="text" size="10" >
    <br/>
    分数：
    <input name= "fenshu" type= "text" size= "10" value= "10" maxlength= "3"  />
    </form>
</body>
</html>
```

代码在浏览器中显示的效果如图6-5所示。

图 6-5　文本框应用效果

■6.3.2　密码域

密码是一种特殊的文本，其属性和文字字段是相同的，不同的是密码在输入的时候字符会以"*"显示，以确保账户的安全。

语法描述：

```
<input name="控件名称" type="password" value="字段默认值" size="控件的长度" maxlength="最长字符数" />
```

属性说明：

- **name、type、size、maxlength**：与文本框的属性说明一样，这里不再赘述。
- **value**：设置输入框的默认值。当页面加载时，输入框中会显示出一串"*"，长度由size和value值的长度决定。

示例：表单中密码域的应用。

示例代码如下：

```html
<!doctype html>
<html>
<head>
  <meta http-equiv="Content-Type" content="text/html; charset=utf-8" />
  <title>密码域</title>
</head>
<body>
  <form action="form_action.asp" method="get" name="form2">
    账户：
    <input name= "name" type= "text" size= "10" >
    <br/>
    密码：
    <input name= "password" type= "password" size= "10" value= "abc123" maxlength= "8"  />
  </form>
</body>
</html>
```

密码域设置后在浏览器中显示的效果如图6-6所示，代码中的value用来定义密码域的默认值，在浏览器中以"*"显示。

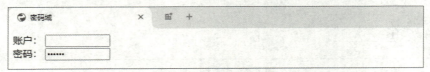

图 6-6　密码域应用效果

■6.3.3　普通按钮

按钮是网页中常用的一种控件，用<input>标签来实现，一般情况下按钮需要脚本配合进行处理。

语法描述：

```
<input name="按钮名称" type=" button" value="按钮的值" onclick="处理程序" />
```

属性说明：

- **name**：指定按钮的名称。
- **type**：定义输入控件的类型。
- **value**：设置按钮上显示的文字。
- **onclick**：指定当按钮被单击时执行的JavaScript代码或函数。

示例：表单中按钮的应用。

示例代码如下：

```
<!doctype html>
<html>
<head>
  <meta http-equiv="Content-Type" content="text/html; charset=utf-8" />
  <title>普通按钮</title>
</head>
<body>
  <form action="form_action.asp" method="get" name="form2">
    试试单击按钮会出现什么效果：
    <br/>
    <input name= "button" type= "button" value= "单击试试" onclick= "window.close()" />
  </form>
</body>
</html>
```

代码在浏览器中显示的效果如图6-7所示。

图 6-7　按钮应用效果

value的取值就是按钮上显示的文字，可以根据需要设置恰当的文字；onlick属性是指定单击按钮要实现的功能，以上示例中实现的功能是关闭浏览器。

■6.3.4 单选按钮

单选按钮是在提供的多个选项中只能选择一个选项的按钮，在网页中显示为一个小圆形。

语法描述：

```
<input name="按钮名称" type="radio" value="按钮的值" checked />
```

属性说明：

name、value同普通按钮相同，checked表示选中项。

示例：表单中单选按钮的应用。

示例代码如下：

```
<!doctype html>
<html>
<head>
    <meta http-equiv="Content-Type" content="text/html; charset=utf-8" />
    <title>单选按钮</title>
</head>
<body>
    <form action="form_action.asp" method="get" name="form2">
        请选择一种语言：
        <input name="radio" type="radio" value="radiobutton" checked="checked" />
        英语
        <input name="radio" type="radio" value="radiobutton" />
        日语
        <input name="radio" type="radio" value="radiobutton" />
        法语
    </form>
</body>
</html>
```

上述代码在浏览器中显示的效果如图6-8所示。

图 6-8　单选按钮显示效果

■6.3.5　复选框

复选框是允许用户从一个选项列表中选择多个选项的按钮，在网页中默认显示为一个小方框。
语法描述：

```
<input name="复选框名称" type="checkbox" value="复选框的值" checked />
```

属性说明同单选按钮的属性说明一样，此处不再赘述。

示例：复选框的应用。

示例代码如下：

```
<!doctype html>
<html>
<head>
    <meta http-equiv="Content-Type" content="text/html; charset=utf-8" />
```

```
<title>复选框</title>
</head>
<body>
  <form action="form_action.asp" method="post " name="form2">
    爱好:
    <input name="checkbox" type="checkbox" value="trip" checked="checked" />旅游
    <input name="checkbox" type="checkbox" value="music" />音乐
    <input name="checkbox" type="checkbox" value="sport" />运动
    <input name="checkbox" type="checkbox" value="swim" />游泳
  </form>
</body>
</html>
```

代码在浏览器中显示的效果如图6-9所示。

图 6-9　复选框显示效果

6.3.6　提交按钮

提交按钮在一个表单中往往起着至关重要的作用，它可以实现把用户在表单中填写的内容提交到服务器。

语法描述：

```
<input name="按钮名称" type="submit" value="按钮名称" />
```

属性说明同普通按钮相应的属性说明一样，此处不再赘述。

示例：提交按钮的应用。

示例代码如下：

```
<!doctype html>
<html>
<head>
  <meta http-equiv="Content-Type" content="text/html; charset=utf-8" />
  <title>提交按钮</title>
</head>
<body>
  <form action="form_action.asp" method="post " name="form2">
    爱好:
```

```
        <input name="checkbox" type="checkbox" value="trip" checked="checked" />旅游
        <input name="checkbox" type="checkbox" value="music" />音乐
        <input name="checkbox" type="checkbox" value="sport" />运动
        <input name="checkbox" type="checkbox" value="swim" />游泳
        <br/>
        <input type= "submit" name= "submit" value= "提交" >
    </form>
</body>
</html>
```

代码在浏览器中显示的效果如图6-10所示。

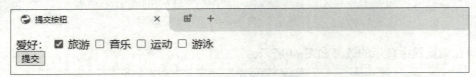

图 6-10　提交按钮的显示效果

■6.3.7　重置按钮

重置按钮的作用是用来清除用户在页面上输入的信息，如果用户在页面上输入的信息错误过多，就可以使用重置按钮清除用户的输入。

语法描述：

```
<input name="按钮名称" type="reset" value="按钮名称" />
```

属性说明同普通按钮中相应的属性说明一样，此处不再赘述。

示例：重置按钮的应用。

示例代码如下：

```
<!doctype html>
<html>
<head>
    <meta http-equiv="Content-Type" content="text/html; charset=utf-8" />
    <title>重置按钮</title>
</head>
<body>
    <form action="form_action.asp" method="post " name="form2">
        爱好：
        <input name="checkbox" type="checkbox" value="trip" checked="checked" />旅游
        <input name="checkbox" type="checkbox" value="music" />音乐
```

```
    <input name="checkbox" type="checkbox" value="sport" />运动
    <input name="checkbox" type="checkbox" value="swim" />游泳
    <br/>
    <input type= "submit" name= "submit" value= "提交" >
    <input type= "reset" name= "submit1" value= "重置" >
  </form>
</body>
</html>
```

重置按钮在浏览器中显示的效果如图6-11所示。

图 6-11　重置按钮的显示效果

■6.3.8　图像按钮

可以为按钮添加图像，使按钮更美观，更灵活，不再千篇一律。

语法描述：

```
<input name="按钮名称" type="image" src="图像路径" />
```

示例：图像按钮的应用。

示例代码如下：

```
<!doctype html>
<html>
<head>
  <meta http-equiv="Content-Type" content="text/html; charset=utf-8" />
  <title>图像按钮</title>
</head>
<body>
  <form action="form_action.asp" method="post " name="form2">
    爱好:
    <input name="checkbox" type="checkbox" value="trip" checked="checked" />旅游
    <input name="checkbox" type="checkbox" value="music" />音乐
    <input name="checkbox" type="checkbox" value="sport" />运动
    <input name="checkbox" type="checkbox" value="swim" />游泳
    <br/>
```

```
        <input type="image" src="icon.png" name="submit" >
    </form>
</body>
</html>
```

上述代码在浏览器中显示的效果如图6-12所示。

图 6-12　图像按钮的显示效果

■6.3.9　隐藏域

有时在传送数据时需要使用户不可见，此时就需要用到hidden属性。

语法描述：

```
<input name="名称" type="hidden" value="取值" />
```

属性说明：

- **name、type**：同普通按钮的name、type属性功能一致。
- **value**：设置隐藏输入框的值。这个值在用户提交表单时会被发送到服务器，但用户无法看到或修改这个值。

示例：表单隐藏域的应用。

示例代码如下：

```
<!doctype html>
<html>
<head>
    <meta http-equiv="Content-Type" content="text/html; charset=utf-8" />
    <title>隐藏域</title>
</head>
<body>
    <form action="form_action.asp" method="post " name="form2">
    爱好:
    <input name="checkbox" type="checkbox" value="trip" checked="checked" />旅游
    <input name="checkbox" type="checkbox" value="music" />音乐
    <input name="checkbox" type="checkbox" value="sport" />运动
    <input name="checkbox" type="checkbox" value="swim" />游泳
    <input name="hidden" type="hidden" value="a" />
```

```
    <br/>
    <input type="image" src="icon.png" name="submit" >
  </form>
</body>
</html>
```

上述代码在浏览器中显示的效果如图6-13所示。

图 6-13　隐藏域设置的显示效果

■6.3.10　文件域

文件域在表单中有很重要的作用，这是因为在表单中添加图片或者上传文件都需要用到文件域。

语法描述：

```
<input name="名称" type="file" size="控件长度" maxlength="最长字符数" />
```

属性说明：

- **name、type**：同普通按钮的name、type属性功能一致。
- **size**：定义输入控件的可见宽度（以字符数为单位），影响控件的显示大小，但不影响用户选择文件的功能。
- **maxlength**：指定用户可以输入的最大字符数，但选择的文件名长度不受此限制。

示例：文件域的应用。

示例代码如下：

```
<!doctype html>
<html>
<head>
  <meta http-equiv="Content-Type" content="text/html; charset=utf-8" />
  <title>文件域</title>
</head>
<body>
  <form action="form_action.asp" method="post " name="form2">
    身份证照片：
    <input name="file" type="file" size="25" maxlength= "30" />
  </form>
```

```
</body>
</html>
```

上述代码在浏览器中的显示效果如图6-14所示。

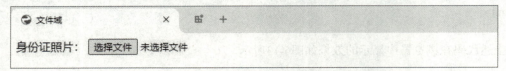

图 6-14　文件域的显示效果

课堂演练

为了进一步加深对表单制作的理解，要求制作出一个表单，在浏览器中的显示效果如图6-15所示。

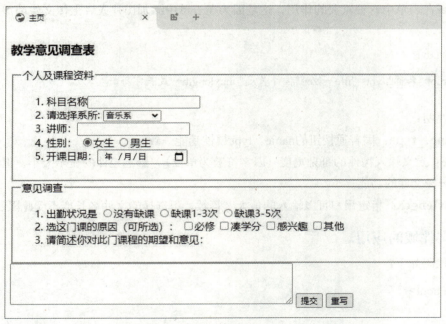

图 6-15　表单的显示效果

代码如下：

```
<!doctype html>
<html>
<head>
    <meta charset="utf-8">
    <title>主页</title>
</head>
```

```
<body>
  <h3>教学意见调查表</h3>
  <form method="post" action="" enctype="text/plain">
    <fieldset>
      <legend>个人及课程资料</legend>
      <ol>
        <li>科目名称<input type="text" name="subject" autofocus></li>
        <li>请选择系所:
          <select size="1" name="department">
            <option>音乐系</option>
            <option>法律系</option>
            <option>英语系</option>
            <option>土木系</option>
            <option>电子工程系</option>
            <option>商务管理系</option>
          </select>
        </li>
        <li>讲师: <input type="text" name="teacher"></li>
        <li>性别:
          <input type="radio" name="sex" value="女生" checked />女生
          <input type="radio" name="sex" value="男生" />男生
        </li>
        <li>开课日期: <input type="date" name="startdate" /></li>
      </ol>
    </fieldset>
    <fieldset>
      <legend>意见调查</legend>
      <ol>
        <li>出勤状况是
          <input type="radio" name="assist" value="没有缺课" />没有缺课
          <input type="radio" name="assist" value="缺课1-3次" />缺课1-3次
          <input type="radio" name="assist" value="缺课3-5次" />缺课3-5次
        </li>
        <li>选这门课的原因(可所选):
          <input type="checkbox" name="reason" value="必修" />必修
          <input type="checkbox" name="reason" value="凑学分" />凑学分
          <input type="checkbox" name="reason" value="感兴趣" />感兴趣
          <input type="checkbox" name="reason" value="其他" />其他
```

```
        </li>
        <li>请简述你对此门课程的期望和意见：<br /></li>
      </ol>
    </fieldset>
    <textarea rows="4" name="hope" cols="60"></textarea>
    <input type="submit" value="提交" />
    <input type="reset" value="重写" />
  </form>
</body>
</html>
```

课后作业

练习制作一个表单，显示效果如图6-16所示，参考代码详见本章示例文件。

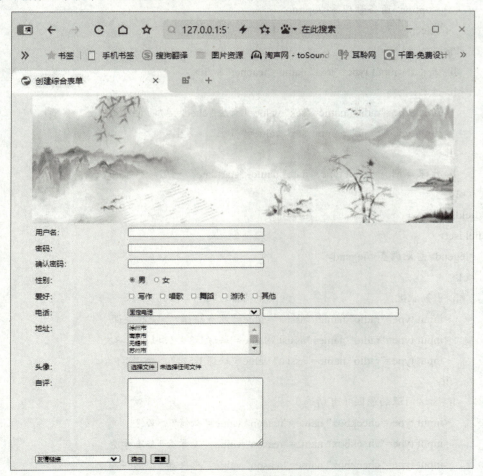

图 6-16　表单示例图

第 7 章

CSS 知识概述

内容概要

本章介绍CSS（串联样式表）的知识，首先从CSS的概念入手，介绍其历史背景、基本概念和常用选择器，随后介绍CSS3，它是CSS技术的升级版本，CSS3语言的开发是朝着模块化发展的。掌握这一工具，可以很好地提升网页设计与开发的效率。

数字资源

【本章示例文件】："示例文件\第7章"目录下

7.1 什么是CSS

CSS是Cascading Style Sheets的缩写，中文名称为串联样式表。它是一种用于控制页面样式与布局，并允许样式信息与网页内容相分离的标记性语言。

相对于传统的HTML表现方式，CSS能够对网页中对象的位置和排版进行精确的控制，支持几乎所有的字体和字号样式，拥有创建盒子模型的能力，并且能够进行初步的交互设计。CSS是目前基于文字展示的最优秀的表现设计语言之一。

在网页内容的排版布局上，即便是专业的设计人员或特别有耐心的人，也很难仅通过HTML让网页完全按照自己的想法来显示信息。即使熟悉HTML语言的用户也需要经过多次测试才能完全控制这些信息的排版。正是在这种需求下，CSS样式表应运而生。它首先实现了对网页上的元素进行精确定位，使开发者能够轻松地控制文字、图片等元素。其次，CSS把网页上的内容结构和表现形式进行了分离。网页浏览者关注的是网页上的内容结构，而为了让浏览者更加轻松愉快地看到这些信息，就需要通过格式来控制。以前这两个方面在网页上是交错结合的，查看和修改都非常不便。现在，将二者分开就能极大地方便网页设计者进行操作。

内容结构和表现形式的分离意味着网页可以仅由内容结构构成，而将所有样式的表现形式保存到某个样式表中。这样一来，好处体现在以下两个方面：第一，外部CSS样式表会被浏览器保存在缓存中，加快了下载显示的速度，同时减少了需要上传的代码量。第二，当网页样式需要修改时，只需要修改保存CSS代码的样式表即可，无须改变HTML页面的结构就能改变整个网站的表现形式和风格。这在修改数量庞大的站点时显得格外有用和重要，避免了需要逐个网页进行修改，极大地减少了重复性劳动。

学习CSS之前，先介绍几个基本的概念：选择器、属性和属性值。

1. 选择器

选择器用来定义CSS样式名称，每种选择器都有其各自的写法，如表7-1所示。

表 7-1　常见选择器

选　择　器	定　　义
元素选择器	直接使用HTML元素的名称
类选择器	使用一个点符号（.）后跟类名来选择具有特定类的元素
ID选择器	使用一个井号（#）后跟ID名称来选择具有特定ID的元素。每个ID在一个文档中应该是唯一的
后代选择器	选择某个元素内部的所有后代元素，使用空格分隔选择器
子选择器	选择某个元素的直接子元素，使用大于符号（>）
相邻兄弟选择器	选择紧接在某个元素后面的兄弟元素，使用加号（+）
通用选择器	使用星号（*）选择所有元素
属性选择器	选择具有特定属性的元素，使用方括号
伪类选择器	选择处于特定状态的元素，使用冒号（:）
伪元素选择器	选择元素的特定部分，使用双冒号（::）

2. 属性

属性是CSS的重要组成部分，它是修改网页中元素样式的主体。例如，修改网页中的字体样式、字体颜色、背景颜色、边框线形等，都可以用CSS中的属性实现。

3. 属性值

属性值是指CSS属性的取值。每个属性都需要有一个或一个以上的属性值。在CSS语法中需要注意以下几点。

- 属性和属性值必须写在{}中。
- 属性和属性值中间用“:”分隔开。
- 每写完一个完整的属性和属性值都需要以“;”结尾。如果只写了一个属性或者最后一个属性后面可以不写“;”，但是不建议这么做。
- 使用CSS书写属性时，属性与属性之间对空格、换行是不敏感的，允许有空格和换行。
- 如果一个属性里面有多个属性值，每个属性值之间需要以空格分隔开。

7.2　CSS选择器

在对页面中的元素进行样式修改的时候，需要先找到页面中需要修改的元素，然后对它们进行样式修改的操作。要找到页面中的元素，CSS是运用选择器来实现的。CSS中的选择器分为三大类：基础选择器、集体选择器和属性选择器。

■ 7.2.1　基础选择器

基础选择器大致包含ID选择器、元素选择器和类选择器，而由这些选择器衍生出来的复合选择器和后代选择器等都是这些选择器的扩展应用而已。

1. ID选择器

元素选择器和类选择器主要用于对一类元素进行选取和操作。类选择器本质上是对一类或一群元素进行操作的选择器。例如，使用类选择器可以对页面中众多的标签（如<p>标签等）中的某一个进行选取和操作，但是单独为某一个元素使用类选择器显得不太合理。这就需要一个独立的选择器来解决这个问题。ID选择器就是这样一种选择器，ID属性值是唯一的。

示例：单独为元素设置样式。

示例代码如下：

- HTML部分代码。

```
<p>这是第1行文字</p>
<p id="myTxt">这是第2行文字</p>
<p>这是第3行文字</p>
<p>这是第4行文字</p>
<p>这是第5行文字</p>
```

● CSS部分代码。

```
<style>
#myTxt{
    font-size: 30px;
    color: green;
}
</style>
```

在第2个\<p\>标签中设置了ID属性，同时在CSS样式表中对此ID进行了样式的设置，设置ID属性值为"myTxt"的元素的字体大小为30像素、文字颜色为绿色。

代码运行的显示效果如图7-1所示。

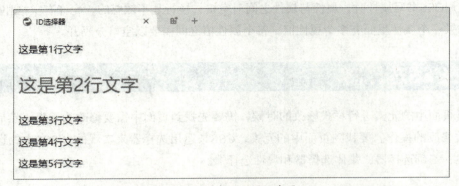

图 7-1　选择器效果示意图

2. 元素选择器

在页面中有很多元素，这些元素是构成页面的基础。CSS元素选择器用来声明页面中哪些元素将应用特定的CSS样式。因此，页面中的每一个元素名都可以成为CSS元素选择器的的名称。例如，div选择器就是用来选中页面中所有的div元素。同理，还可以对页面中诸如p、ul、li等元素使用CSS元素选择器进行选取，再对这些被选中的元素进行CSS样式的修改。

每一个CSS选择器都包含了选择器本身、属性名和属性值，其中，属性名和属性值均可以同时设置多个，即对同一个元素声明多重CSS样式。

示例：元素选择器的应用。

示例代码如下：

```
<!DOCTYPE html>
<html>
<head>
    <meta charset="UTF-8">
    <title>元素选择器</title>
    <style>
```

```
        p{
            color:green;
            font-size: 25px;
        }
        ul{
            list-style-type:none;
        }
        a{
            text-decoration:none;
        }
    </style>
</head>
<body>
<p>我是第1行p标签文字</p>
    <ul>
        <li>第1个li标签</li>
        <li>第2个li标签</li>
        <li>第3个li标签</li>
        <li>第4个li标签</li>
    </ul>
    <a href="#">我是a标签</a>
    <p>我是第2行p标签文字</p>
</body>
</html>
```

上述CSS代码表示的是HTML页面中所有的<p>标签中的文字颜色都采用绿色、文字大小都为25像素；所有的<ul>无序列表标签都采用没有列表标记的风格；所有的<a>标签都是取消下划线显示。

代码运行的显示效果如图7-2所示。

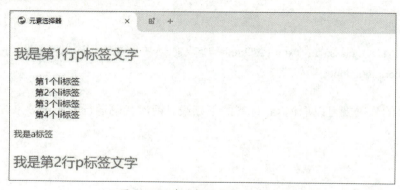

图 7-2　元素选择器的效果示意图

3. 类选择器

在页面中，可能有一些不同元素需要拥有相同的样式，使用元素选择器来操作就会显得非常烦琐。假如需要对页面中的<p>标签、<a>标签和<div>标签使用同一种文字样式，这时可以把这3个元素看成是同一种类型样式的元素，因此需要对它们进行归类操作。

在HTML中，在元素内部使用class属性来定义类，而class属性的值就是为元素定义的"类名"。

示例：为一类元素设置样式。

为需要的元素添加class类名，HTML代码如下：

```
<body>
  <p class="myTxt">我是一行p标签文字</p>
  <p class="myTxt"><a class="myTxt" href="#">我是a标签内部的文字</a></p>
  <div class="myTxt">div文字也和它们的样式相同</div>
</body>
```

为HTML代码中定义的类添加样式，CSS代码如下：

```
<style type="text/css">
.myTxt{
  color:red;
  font-size: 30px;
  text-align: center;
}
</style>
```

以上两段代码分别是为需要改变样式的元素添加类名和为需要改变样式的类添加CSS样式，这样就可以实现同时为多个不同元素添加相同的CSS样式。需要注意的是，因为<a>标签默认自带下划线，所以在页面中<a>标签的内容还是会有下划线存在的。如果想要消除下划线，可以单独为<a>标签再添加一个类名（一个标签可以存在多个类名，类名与类名之间使用空格分隔）。

代码如下：

```
<p class="myTxt"><a class="myTxt myA" href="#">我是a标签内部的文字</a></p>
.myA{text-decoration: none;}
```

通过以上的代码就可以取消<a>标签的下划线，两次代码运行的显示效果分别如图7-3和图7-4所示。

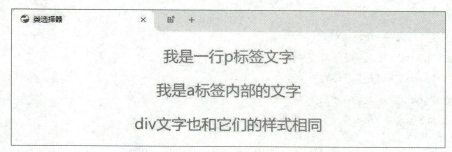

图 7-3　标签默认带下划线效果的示意图

图 7-4　去除标签下划线效果的示意图

■7.2.2　集体选择器

在编写页面时，经常会遇到多个元素都需要采用相同样式属性的情况。这时，可以将这些样式相同的元素放在一起进行集体声明，而不是单独为每个元素分别声明样式，这样做可以极大地简化操作流程。集体选择器就是为了应对这种情况而设计的。

集体选择器的语法是在每个选择器之间使用逗号隔开。通过集体选择器可以达到对多个元素进行集体声明的目的。

示例：为所有元素设置相同的样式。

示例代码如下：

```html
<!doctype html>
<html lang="en">
<head>
  <meta charset="UTF-8">
  <title>集体选择器</title>
  <style>
    li,.mytxt,span,a{
    font-size: 20px;
    color:red;
    }
  </style>
```

```
</head>
<body>
  <ul>
    <li>item1</li>
    <li>item2</li>
    <li>item3</li>
    <li>item4</li>
  </ul>
  <hr/>
  <p>这是第1行文字</p>
  <p class="mytxt">这是第2行文字</p>
  <p class="mytxt">这是第3行文字</p>
  <p class="mytxt">这是第4行文字</p>
  <p>这是第5行文字</p>
  <hr/>
  <span>这是span标签内部的文字</span>
  <hr/>
  <a href="#">这是a标签内部的文字</a>
</body>
</html>
```

在上述代码中，将页面中所有的li、span、a以及类名为"mytxt"的元素组合在一起作为集体选择器，对这些元素进行集体的样式声明。

代码运行的显示效果如图7-5所示。

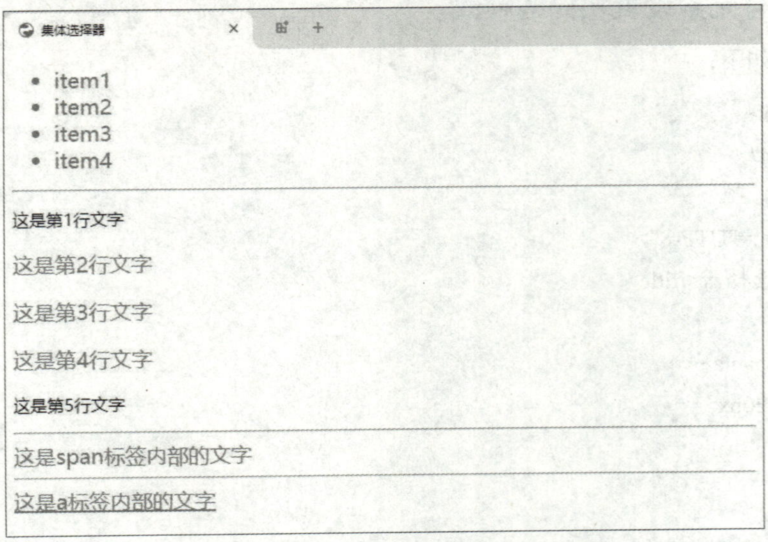

图 7-5　集体选择器的效果示意图

■7.2.3　属性选择器

CSS属性选择器可以根据元素的属性和属性值来选择元素。

属性选择器的语法是把需要选择的属性写在一对中括号中，如果想把包含标题（title）的所有元素的颜色都改为红色，可以在CSS中做如下声明，其中*为通配符，表示所有的元素。

```
*[title] {color:red;}
```

也可以采取下面的写法，只对有href属性的锚应用样式。

```
a[href] {color:red;}
```

还可以选择多个属性，只需将属性选择器连接在一起即可。

例如，为了将同时有href和title属性的HTML超链接文本设置为红色，可设置选择器为：

```
a[href][title] {color:red;}
```

以上都是属性选择器的用法，当然也可以把多个选择器组合起来，创造性地使用这个特性。

示例：属性选择器的应用。

示例代码如下：

```
<!doctype html>
<html lang="en">
<head>
  <meta charset="UTF-8">
  <title>属性选择器</title>
  <style>
    img[alt]{
      border:3px solid green;
    }
    img[alt="image"]{
      border:3px solid blue;
    }
  </style>
</head>
<body>
  <img src="meijing.png" alt="" width="300">
  <img src=" meijing.png " alt="image" width="300">
```

```
<img src=" meijing.png " alt="" width="300">
<img src=" meijing.png " alt="" width="300">
<img src=" meijing.png " alt="" width="300">
<img src=" meijing.png " alt="" width="300">
</body>
</html>
```

上述代码设置了所有拥有alt属性的img标签都有3个像素宽度的实线类型边框，并且设置边框颜色为绿色。但是，对alt属性的值为"image"的元素重新进行了样式设置，将其边框颜色改为蓝色。

代码运行的显示效果如图7-6所示。

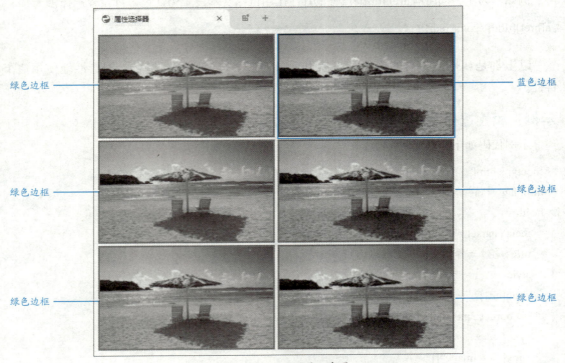

图 7-6　边框设置效果示意图

7.3　CSS3基础知识

在网页制作时采用CSS可以有效地对页面的布局、字体、颜色、背景和其他效果实现更加精确的控制。只需对相应的代码做一些简单的修改，就可以改变同一页面的不同部分或是多个页面的外观和格式。CSS3是CSS技术的升级版本，CSS3语言的开发是朝着模块化发展的，其中包括：盒子模型、列表模块、超链接方式、语言模块、背景和边框、文字特效、多栏布局等。

CSS3与之前的版本（如CSS2）相比，相同之处在于都是用于定义网页样式的代码，通过编辑样式表来美化页面，并且都是实现页面内容与样式分离的有效手段。不过，CSS3引入了更多的样式选项、更多的选择器，并且加入了新的页面样式与动画功能等。由于之前的CSS规范作为一个整体过于庞大且较为复杂，因此CSS3将其分解为一系列较小的模块，并添加了更多的新模块。

目前，主流浏览器都已很好地支持CSS3的新特性。然而，在一些较旧版本的浏览器中，可能仍然存在兼容性问题。就浏览器对CSS3特性的支持而言，Opera通常被认为是支持度最高的浏览器之一，而其他主要浏览器（如Chrome、Firefox、Safari和Edge等）的支持情况也基本相似。因此，在选择浏览器时，建议尽可能使用各大浏览器厂商提供的最新版本，因为这些最新版浏览器通常会对CSS3的新特性提供更好的支持。

■7.3.1　长度单位

CSS3中新增了长度单位rem（root element font size），它是指相对于根元素（通常是\<html\>元素）字体大小的单位。rem是一个相对单位，它相对于根元素的字体大小进行计算。这意味着在计算子元素的尺寸时，只需要根据根元素的字体大小进行计算即可，而不再需要逐级查找父元素的字体大小来进行频繁的计算，大大简化了计算过程。

通常，为了简化计算，会将根元素的字体大小设置为62.5%。这是因为浏览器默认的字体大小是16 px，而62.5%相当于10 px（16×0.625=10）。这样的设置使得在使用rem作为单位时，1 rem实际上等于10 px。因此，如果设计稿中的尺寸是以像素为单位给出的，只需要将该值除以10就能得到对应的rem值，从而简化了计算过程。

示例：新的尺寸单位rem的应用。

示例代码如下：

```
<!doctype html>
<html lang="en">
<head>
  <meta charset="utf-8">
  <title>rem</title>
  <style>
    html{font-size: 62.5%;}
    p{font-size: 2rem;}
    div{font-size: 2em}
  </style>
</head>
<body>
  <p>这是<span>p标签</span>内的文本</p>
```

```
    <div>这是<span>div标签</span>中的文本</div>
</body>
</html>
```

代码运行的显示效果如图7-7所示。

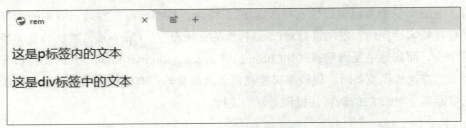

图 7-7　文字字体大小示意图

从图7-7的显示效果来看，两种单位好像并没有什么区别，因为在页面中显示出来的文字大小是完全相同的。如果分别对<p>标签和<div>标签中的span元素进行字体大小的设置，例如，<style>标签内后两个选择器的代码修改为：

```
p span{font-size: 2rem;}
div span{font-size: 2em;}
```

代码运行的显示效果如图7-8所示。

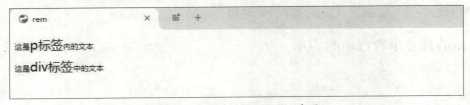

图 7-8　长度单位显示效果示意图

由图7-8可以看出，<p>标签中的span元素采用了rem为单位，因此元素内的文字并没有任何变化，而在<div>标签中的span元素采用了em单位，其中的文字大小已经发生了改变。这是编写页面时经常遇到的问题，由于所使用的尺寸单位导致文字大小被二次计算，出现与预期不相符的结果，因而不得不回头再去修改以前的代码，影响了工作效率。

■7.3.2　结构性伪类

在CSS3中新增了一些新的伪类，它们的名字叫作结构性伪类。结构性伪类选择器的公共特征是允许开发者根据文档结构来指定元素的样式。

1. :root
匹配文档的根元素。在HTML中，根元素永远是<html>。

2. E:empty

匹配没有任何子元素（包括text节点）的元素E。

示例：指定没有子元素的元素样式。

示例代码如下：

```
<!doctype html>
<html lang="en">
<head>
  <meta charset="UTF-8">
  <title>Document</title>
  <style>
    div:empty{
      width: 100px;
      height: 100px;
      background: #f0f000;
    }
  </style>
</head>
<body>
  <div>我是div的子级，我是文本</div>
  <div></div>
  <div>
    <span>我是div的子级，我是span标签</span>
  </div>
</body>
</html>
```

代码运行的显示效果如图7-9所示。

图 7-9　指定没有子元素的元素样式

3. E:nth-child(*n*)

E:nth-child(*n*)选择器用于匹配属于其父元素E的第*n*个子元素，而不论元素的类型。其中，*n*可以是数字、关键词或公式。

示例：选择匹配父元素的第*n*个子元素。

示例代码如下：

```html
<!DOCTYPE html>
<html lang="en">
<head>
    <meta charset="UTF-8">
    <title>Document</title>
        <style>
            ul li:nth-child(2n+1){
                color:red;
            }
        </style>
</head>
<body>
    <ul>
        <div>items0</div>
        <li>items1</li>
        <li>items2</li>
        <li>items3</li>
        <li>items4</li>
        <li>items5</li>
        <li>items6</li>
        <li>items7</li>
        <li>items8</li>
    </ul>
</body>
</html>
```

代码运行的显示效果如图7-10所示。

图 7-10　匹配指定元素的显示效果

4. E:nth-of-type(*n*)

E:nth-of-type(*n*)选择器用于匹配属于父元素E的特定类型的第*n*个子元素中包含的每个元素。其中，*n*可以是数字、关键词或公式。

需要注意的是，E:nth-child(*n*)和E:nth-of-type(*n*)是不同的，前者是不论元素类型的，而后者是从选择器的元素类型开始计数的。也就是说，与上面的示例同样的一段HTML代码，使用E:nth-of-type(3)就会选到"items3"元素，而不是之前的"items2"元素。

示例：E:nth-of-type(*n*)的用法。

示例代码如下：

```
<!doctype html>
<html lang="en">
<head>
  <meta charset="UTF-8">
  <title>Document</title>
  <style>
    ul li:nth-of-type(3){
        color:red;
    }
  </style>
</head>
<body>
  <ul>
    <div>items0</div>
    <li>items1</li>
    <li>items2</li>
    <li>items3</li>
    <li>items4</li>
  </ul>
</body>
</html>
```

代码运行的显示效果如图7-11所示。

图 7-11　匹配指定类型元素的显示效果

5. E:last-child

E:last-child选择器用于匹配属于其父元素E的最后一个子元素中包含的每个元素。

6. E:nth-last-of-type(n)

E:nth-last-of-type(n)选择器用于匹配属于父元素E的特定类型的第n个子元素中包含的每个元素，计数从最后一个子元素开始。n可以是数字、关键词或公式。

7. E:nth-last-child(n)

E:nth-last-child(n)选择器用于匹配属于其父元素E的第n个子元素中包含的每个元素，不论元素的类型如何，计数都是从最后一个子元素开始的。n可以是数字、关键词或公式。

注意：p:last-child等同于p:nth-last-child(1)。

8. E:only-child

E:only-child选择器用于匹配属于其父元素E的唯一子元素中包含的每个元素。

示例：E:only-child选择器的用法。

示例代码如下：

```
<!doctype html>
<html lang="en">
<head>
  <meta charset="UTF-8">
  <title>Document</title>
  <style>
    p:only-child{
      color:red;
    }
    span:only-child{
      color:green;
    }
  </style>
</head>
<body>
  <div>
    <p>items0</p>
  </div>
  <ul>
    <li>items1</li>
    <li>items2</li>
    <li>items3</li>
```

```
    <li>items4</li>
    <span>items5</span>
  </ul>
</body>
</html>
```

代码运行的显示效果如图7-12所示。

图 7-12　匹配唯一指定元素的显示效果

这里虽然分别对p元素和span元素设置了文字颜色属性，但是选择器只对p元素有效，因为p元素是<div>标签下的唯一子元素。

9. E:only-of-type

E:only-of-type选择器用于匹配属于其父元素E的特定类型的唯一子元素中包含的每个元素。

示例：E:only-of-type的用法。

示例代码如下：

```
<!doctype html>
<html lang="en">
<head>
  <meta charset="utf-8">
  <title>Document</title>
  <style>
    p:only-of-type{
      color:red;
    }
    span:only-of-type{
      color:green;
    }
  </style>
</head>
<body>
```

```
    <div>
        <p>items0</p>
    </div>
    <ul>
        <li>items1</li>
        <li>items2</li>
        <li>items3</li>
        <li>items4</li>
        <span>items5</span>
    </ul>
</body>
</html>
```

代码运行的显示效果如图7-13所示。

图 7-13　匹配特定类型唯一元素的显示效果

■7.3.3　UI元素状态伪类

CSS3新特性中增加了新的UI元素状态伪类，这些伪类为表单元素提供了更多的选择。

1. :checked

:checked选择器用于匹配每个已被选中的input元素（只用于单选按钮和复选框）。

2. :enabled

:enabled选择器用于匹配每个已启用的元素（大多用于表单元素上）。

示例：:enabled元素状态伪类的应用。

示例代码如下：

```
<!DOCTYPE html>
<html lang="en">
<head>
    <meta charset="UTF-8">
    <title>Document</title>
```

```
<style>
  input:enabled
  {
    background:#ffff00;
  }
  input:disabled
  {
    background:#dddddd;
  }
</style>
</head>
<body>
  <form action="">
    姓名: <input type="text" value="Mickey" /><br>
    曾用名: <input type="text" value="Mouse" /><br>
    生日: <input type="text" disabled="disabled" value="Disneyland" /><br>
    密码: <input type="password" name="password" /><br>
    <input type="radio" value="male" name="gender" /> Male<br>
    <input type="radio" value="female" name="gender" /> Female<br>
    <input type="checkbox" value="Bike" /> I have a bike<br>
    <input type="checkbox" value="Car" /> I have a car
  </form>
</body>
</html>
```

代码运行的显示效果如图7-14所示。

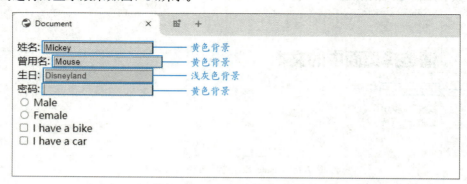

图 7-14 :enabled 选择器运行效果

3. :disabled

:disabled选择器用于选取所有禁用的表单元素，与:enabled用法类似，可参见上面的示例。

4. ::selection

::selection选择器用于匹配被用户选取的部分。可在::selection选择器中应用的CSS属性较少，主要包括color、background、cursor和outline等属性。

示例：::selection选择器的使用方法。

示例代码如下：

```
<!DOCTYPE html>
<html lang="en">
<head>
    <meta charset="utf-8">
    <title>Document</title>
  <style>
    ::selection{
       color:red;
    }
  </style>
</head>
<body>
  <h1>请选择页面中的文本</h1>
  <p>这是一段文字</p>
  <div>这是一段文字</div>
  <a href="#">这是一段文字</a>
</body>
</html>
```

代码运行后，当使用鼠标选择第1个"这是一段文字"时的显示效果如图7-15所示。

图 7-15　::selection 选择器的运行效果

■7.3.4 CSS3新增的属性

本节介绍CSS3新增的一些属性选择器和目标伪类选择器。

1. :target

:target选择器用于选取当前活动的目标元素。

示例：选取当前活动的目标元素。

示例代码如下：

```html
<!DOCTYPE html>
<html lang="en">
<head>
  <meta charset="UTF-8">
  <title>Document</title>
  <style>
    div{
      width: 200px;
      height: 200px;
      background: #ccc;
      margin:20px;
    }
    :target{
      background: #f46;
    }
  </style>
</head>
<body>
  <h1>请单击下面的链接</h1>
  <p><a href="#content1">跳转到第一个div</a></p>
  <p><a href="#content2">跳转到第二个div</a></p>
  <hr/>
  <div id="content1"></div>
  <div id="content2"></div>
</body>
</html>
```

代码运行后，在页面中单击第2个链接，可以看到第2个div的背景颜色发生了变化，如图7-16所示。

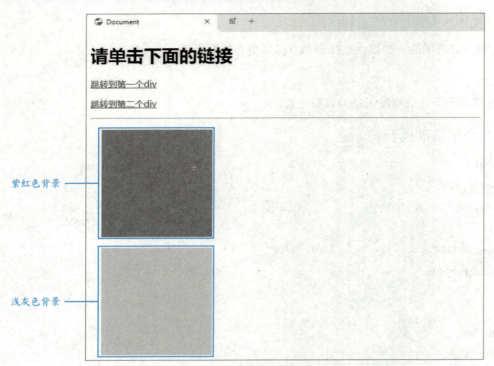

图 7-16　选取当前活动的目标元素的运行效果

2. :not(selector)

:not(selector)选择器用于匹配非指定元素/选择器中包含的每个元素。

示例：选取非指定选择器的元素。

示例代码如下：

```html
<!DOCTYPE html>
<html lang="en">
<head>
    <meta charset="UTF-8">
    <title>Document</title>
  <style>
    :not(p){
    border:1px solid red;
  }
</style>
</head>
<body>
  <span>这是span内的文本</span>
  <p>这是第1行p标签文本</p>
```

```
  <p>这是第2行p标签文本</p>
  <p>这是第3行p标签文本</p>
  <p>这是第4行p标签文本</p>
</body>
</html>
```

代码运行的显示效果如图7-17所示。这段代码选中了所有的非p元素，所以除了<span>标签之外，<body>和<html>标签也被选中了。

图 7-17　选取非指定元素

3. [attribute]

[attribute]选择器用于选取带有指定属性的元素。

示例：选取带有指定属性的元素。

示例代码如下：

```
<!DOCTYPE html>
<html lang="en">
<head>
  <meta charset="UTF-8">
  <title>Document</title>
  <style>
    [title]{
    color:red;
  }
</style>
</head>
<body>
  <span title="">这是span内的文本</span>
  <p>这是第1行p标签文本</p>
  <p title="">这是第2行p标签文本</p>
```

```
    <p>这是第3行p标签文本</p>
    <p>这是第4行p标签文本</p>
</body>
</html>
```

代码运行结果如图7-18所示。

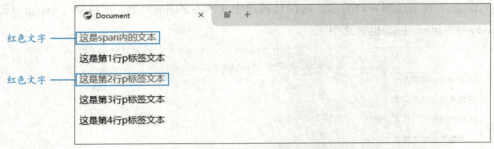

图 7-18　选取指定属性的元素

4. [attribute~=value]

[attribute~=value]选择器用于选取属性值中包含指定词汇的元素。

示例：选取属性值包含指定词汇的元素。

示例代码如下：

```
<!DOCTYPE html>
<html lang="en">
<head>
    <meta charset="UTF-8">
    <title>Document</title>
    <style>
        [title~=txt]{
        color:blue;
        }
</style>
</head>
<body>
    <span title="txt">这是span内的文本</span>
    <p>这是第1行p标签文本</p>
    <p title="my txt">这是第2行p标签文本</p>
    <p>这是第3行p标签文本</p>
    <p>这是第4行p标签文本</p>
```

```
</body>
</html>
```

代码运行的显示效果如图7-19所示。

图 7-19 选取包含指定词汇的元素

课堂演练

利用本章所学知识制作出如图7-20所示的效果。

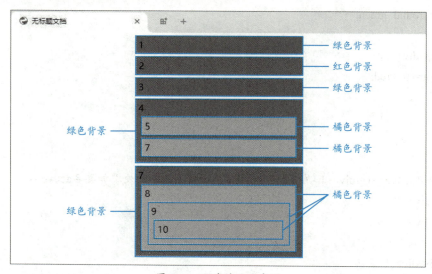

图 7-20 课堂演练示意图

代码如下：

```
<!doctype html>
<html>
<head>
  <meta charset="utf-8">
  <title>无标题文档</title>
```

```
<style type="text/css">
    *{margin:0;
        padding:0;}
    body{
        width:300px;
        margin:0 auto;
    }
    div{
        margin:5px;
        padding:5px;
        border:1px solid #ccc;
    }
    div div{
        background:orange;
    }
    body>div{
        background: green;
    }
    .active + div{
        background:red;
    }
    </style>
</head>
<body>
    <div class="active">1</div><!--为了说明相邻兄弟选择器，在此处添加类名active -->
    <div>2</div>
    <div>3</div>
    <div>4
        <div>5</div>
        <div>7</div>
    </div>
    <div>7
        <div>8
            <div>9
                <div>10</div>
            </div>
        </div>
```

```
    </div>
  </body>
</html>
```

课后作业

利用CSS创建一个表单，设计效果如图7-21所示，参考代码详见本章示例文件。

图 7-21　表单设计示意图

第 **8** 章

CSS 常用属性

内容概要

CSS3引入了许多新的文本样式，使得网页中的文本更加生动和多彩。使用CSS3不仅可以为文本添加各种效果，还能创建圆角边框、为矩形添加阴影，甚至使用图片绘制边框，实现这些都无须再依赖像Photoshop这样的设计软件。

数字资源

【本章示例文件】："示例文件\第8章"目录下

8.1 文本和边框

在网页设计中，文本的样式能够突出网页的风格，一个好的网页设计必然离不开精心设置的文本和一些边框样式。该怎么去设置呢？本节将介绍CSS3中的一些技巧与奥妙。

■8.1.1 文本阴影text-shadow

text-shadow属性还没有出现时，在网页设计中阴影一般都是做成图片来实现。现在有了CSS3后，可以直接使用text-shadow属性来指定阴影。这个属性有两个作用：产生阴影和模糊主体，因而在不使用图片的情况下也能给文字增加立体感。

text-shadow属性可以为文本添加一个或多个阴影。该属性可设置为以逗号分隔的阴影列表，其中，每个阴影由2个或3个长度值和一个可选的颜色值规定，缺省的长度是0。

text-shadow属性拥有4个值，按照顺序排列分别是：

- **h-shadow**：必需。表示水平阴影的位置，允许负值。
- **v-shadow**：必需。表示垂直阴影的位置，允许负值。
- **blur**：可选。表示模糊的距离。
- **color**：可选。表示阴影的颜色。

示例：设置文本阴影。

示例代码如下：

```
<!DOCTYPE html>
<html lang="en">
<head>
  <meta charset="UTF-8">
  <title>Document</title>
  <style>
    p{
      text-align:center;
      font:bold 50px Helvetica, arial, sans-serif;
      color:#999;
      text-shadow:0.1em 0.1em #333;
    }
  </style>
</head>
<body>
  <p>HTML5+CSS3</p>
</body>
```

```
</html>
```

代码运行的显示效果如图8-1所示。

图 8-1　文本阴影

代码中的 text-shadow:0.1em 0.1em #333; 用于声明阴影效果，这行代码声明的阴影效果是在文本的右下角位置生成阴影。如果要把阴影设置在文本的左上角位置，则可以将CSS设置改为下面的代码。

```
<style>
  p{
    text-align:center;
    font:bold 50px Helvetica, arial, sans-serif;
    color:#999;
    text-shadow:-0.1em -0.1em #333;
  }
</style>
```

修改后代码运行的显示效果如图8-2所示。

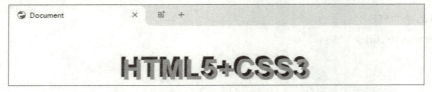

图 8-2　左上角文本阴影

同理，如果设置文本阴影在左下角位置，则可以将CSS设置改为以下的代码。

```
<style>
  p{
    text-align:center;
    font:bold 50px Helvetica, arial, sans-serif;
    color:#999;
    text-shadow:-0.1em 0.1em #333;
  }
</style>
```

修改后代码运行的显示效果如图8-3所示。

图 8-3 左下角文字阴影

也可以生成模糊效果的阴影，将CSS代码修改为以下代码。

```
<style>
  p{
    text-align:center;
    font:bold 50px Helvetica, arial, sans-serif;
    color:#999;
    text-shadow:0.1em 0.1em 0.3em #333;
  }
</style>
```

修改后代码运行的显示效果如图8-4所示。

图 8-4 模糊的文字阴影

如果想要定义模糊的绿色阴影效果，CSS代码修改如下：

```
<style>
  p{
    text-align:center;
    font:bold 50px Helvetica, arial, sans-serif;
    color:#999;
    text-shadow:0.1em 0.1em 0.2em green;
  }
</style>
```

修改后代码运行的显示效果如图8-5所示。

阴影为绿色

图 8-5　绿色、模糊的文本阴影

text-shadow属性的第1个值表示水平位移；第2个值表示垂直位移，值为正时表示阴影位置偏右或者偏下，值为负时表示阴影位置偏左或偏上；第3个值表示模糊半径，该值是可选项；第4个值表示阴影的颜色，该值是可选项。在指定阴影偏移位移之后，可以指定一个模糊半径。模糊半径是一个长度值，用于指出模糊效果的范围。具体的模糊效果的计算方法并没有详细说明。在阴影效果的指定值之前或之后可以指定一个颜色值，颜色值是产生阴影效果的关键参数。如果没有指定颜色，那么将使用color属性值来替代。

灵活使用text-shadow属性可以解决网页设计中很多实际的问题，下面结合实例进行介绍。

1. 添加阴影

通过阴影效果可以把文字颜色与背景颜色区分开，使字体看起来更清晰。

示例：为文本添加阴影效果。

示例代码如下：

```
<!DOCTYPE html>
<html lang="en">
<head>
  <meta charset="UTF-8">
  <title>Document</title>
  <style>
    p{
      text-align:center;
      font:bold 50px helvetica, arial, sans-serif;
      color:#fff;
      text-shadow:#999 0.1em 0.1em 0.2em;
    }
  </style>
</head>
<body>
  <p>HTML5+CSS3</p>
```

```
</body>
</html>
```

代码运行的显示效果如图8-6所示。

图 8-6　添加文本阴影后的显示效果

2. 定义多色阴影

text-shadow属性可以接受一个以逗号分隔的阴影效果列表，并应用到设定该属性的文本上。阴影效果按照给定的顺序应用，因此有可能出现互相覆盖，但是它们不会覆盖文本本身。阴影效果不会改变边框的尺寸，但可能延伸到它的边界之外。阴影效果的堆叠层次和本身层次是一样的。当使用text-shadow属性定义多色阴影时，每个阴影效果必须指定阴影偏移，而模糊半径、阴影颜色是可选参数。

示例：为文本添加多种不同颜色的阴影。

示例代码如下：

```
<!DOCTYPE html>
<html lang="en">
<head>
  <meta charset="UTF-8">
  <title>Document</title>
  <style>
    p{
      text-align:center;
      font:bold 50px helvetica, arial, sans-serif;
      color:red;          /*文本颜色*/
      text-shadow: 0.2em 0.4em 0.1em #600,
      -0.3em 0.1em 0.1em #060,
      0.4em -0.3em 0.1em #006;          /*定义了3个阴影*/
    }
  </style>
</head>
```

```
<body>
  <p>HTML5+CSS3</p>
</body>
</html>
```

代码运行的显示效果如图8-7所示。

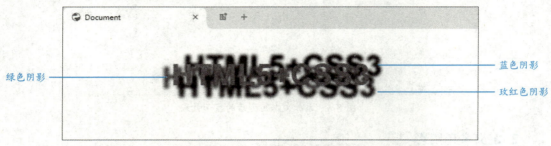

图 8-7　多色阴影的显示效果

3. 制作火焰文字

借助阴影效果机制，可以使用阴影叠加出燃烧的文字特效。

示例：制作炫酷的火焰字效果。

示例代码如下：

```
<!DOCTYPE html>
<html lang="en">
<head>
  <meta charset="UTF-8">
  <title>Document</title>
  <style>
    body{
      background:#000;
    }
    p{
      text-align:center;
      font:bold 50px helvetica, arial, sans-serif;
      color:red;
      text-shadow: 0 0 4px white,
      0 -5px 4px #ff3,
      2px -10px 6px #fd3,
      -2px -15px 11px #f80,
      2px -25px 18px #f20;
```

```
        }
    </style>
</head>
<body>
    <p>文字特效</p>
</body>
</html>
```

代码运行的显示效果如图8-8所示。

图 8-8　火焰文字的显示效果

4. 设置立体文字

text-shadow属性可以在:first-letter和:first-line伪元素中使用，同时还可以利用该属性设计立体文字。

示例：设置立体文字效果。

使用阴影叠加可使文字显示出立体的特效，示例代码如下：

```
<!DOCTYPE html>
<html lang="en">
<head>
    <meta charset="UTF-8">
    <title>Document</title>
    <style>
        body{
            background:#000;
        }
        p{
            text-align:center;
            padding:24px;
            margin:0;
```

```
        font: helvetica, arial, sans-serif;
        font-size:75px;
        font-weight:bold;
        color:green;
        background:#ccc;
        text-shadow: -1px -1px white,
        1px 1px #333;
    }
  </style>
</head>
<body>
  <p>文字特效</p>
</body>
</html>
```

代码运行的显示效果如图8-9所示。

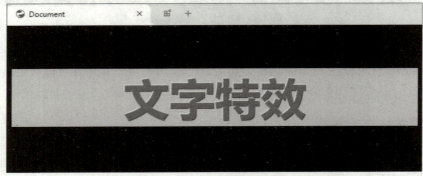

图 8-9　立体文字的显示效果

通过添加向左上和右下偏移1 px的补色阴影，实现阴影的错位，即可营造出文字的立体效果。

5. 设置描边文字

使用text-shadow属性还可以为文字描边，设计方法是分别为文字的4条边添加1 px的实体阴影。

示例：给文字描边。

示例代码如下：

```
<!DOCTYPE html>
<html lang="en">
<head>
  <meta charset="UTF-8">
  <title>Document</title>
```

```
<style>
  body{
    background:#000;
  }
  p{
    text-align:center;
    padding:24px;
    margin:0;
    font: helvetica, arial, sans-serif;
    font-size:75px;
    font-weight:bold;
    color:white;
    background:#ccc;
    text-shadow: -1px 0 black,
    0 1px black,
    1px 0 black,
    0 -1px black;
  }
</style>
</head>
<body>
  <p>文字特效</p>
</body>
</html>
```

代码运行的显示效果如图8-10所示。

图 8-10　描边文字的显示效果

6. 设置文字外发光效果

设置阴影不发生位移，同时定义阴影模糊显示，这样可以模拟出文字外发光效果。

示例：设置文字发光显示效果。

示例代码如下：

```html
<!DOCTYPE html>
<html lang="en">
<head>
  <meta charset="UTF-8">
  <title>Document</title>
  <style>
    body{
      background:#000;
    }
    p{
      text-align:center;
      padding:24px;
      margin:0;
      font: helvetica, arial, sans-serif;
      font-size:75px;
      font-weight:bold;
      color:#999;
      background:#ccc;
      text-shadow:0 0 0.2em #fff,
      0 0 0.2em #fff;
    }
  </style>
</head>
<body>
  <p>文字特效</p>
</body>
</html>
```

代码运行的显示效果如图8-11所示。

图 8-11　文字外发光的显示效果

■8.1.2 文本溢出text-overflow

在编辑网页文本时经常会遇到因文本太多而超出容器范围的尴尬问题，CSS3的新特性中为此提供了解决方案——text-overflow属性。

text-overflow属性规定了当文本溢出包含元素时发生的事情。

语法描述：

text-overflow: clip|ellipsis|string;

属性值说明：

- **clip**：表示修剪文本。
- **ellipsis**：显示时用省略符号来代表被修剪的文本。
- **string**：用给定的字符串来代表被修剪的文本。

示例：文本的溢出效果。

示例代码如下：

```html
<!DOCTYPE html>
<html lang="en">
<head>
  <meta charset="UTF-8">
  <title>Document</title>
  <style>
    .test {
      white-space: nowrap;
      width: 12em;
      overflow: hidden;
      border: 1px solid #000;
    }
    .test:hover {
      overflow: visible; /* 悬停时显示完整文本 */
    }
  </style>
</head>
<body>
  <p>如果您把光标移动到下面两个 div 上，就能够看到全部文本。</p>
  <p>这个 div 使用 "text-overflow:ellipsis"：</p>
  <div class="test" style="text-overflow: ellipsis;">This is some long text that will not fit in the box
</div>
```

```
<p>这个 div 使用 "text-overflow:clip"： </p>
<div class="test" style="text-overflow: clip;">This is some long text that will not fit in the box</div>
</body>
</html>
```

代码运行的显示效果如图8-12所示。

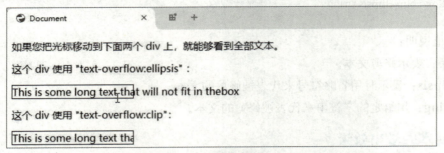

图 8-12　文本溢出的显示效果

■8.1.3　文本换行word-wrap

word-wrap属性用于解决因单词太长而超出容器的问题。word-wrap属性允许长单词或URL地址换行到下一行。

语法描述：

```
word-wrap: normal | break-word;
```

属性值说明：

- **normal**：只在允许的断字点处换行（浏览器默认处理）。
- **break-word**：在长单词或URL地址内部换行。

示例：文本换行。

示例代码如下：

```
<!DOCTYPE html>
<html lang="en">
<head>
  <meta charset="UTF-8">
  <title>Document</title>
  <style>
    p.test{
      width:11em;
      border:1px solid #000000;
```

```
    }
  </style>
</head>
<body>
  <p class="test">
    This paragraph contains a very long word: thisisaveryveryveryveryveryverylongword. The long word
    will break and wrap to the next line.
  </p>
</body>
</html>
```

代码运行的显示效果如图8-13所示。

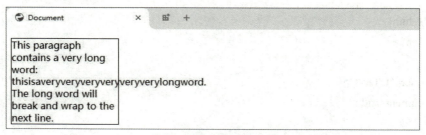

图 8-13　长文本的显示效果

从图中可以看到，一个长单词超出了容器的范围，要解决这个问题并不难，只需在p.test选择器中添加一行代码，代码如下：

```
word-wrap: break-word;
```

修改后的代码运行的显示效果如图8-14所示。

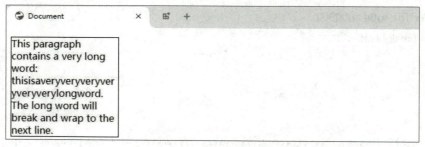

图 8-14　文本换行后的显示效果

■8.1.4　单词拆分word-break

word-break属性规定了自动换行的处理方法。使用word-break属性可以让浏览器实现任意位置的换行。

语法描述：

word-wrap: normal | break-all | keep-all;

属性值说明：

- **normal**：使用浏览器默认的换行规则。
- **break-all**：允许在单词内换行。
- **keep-all**：只能在半角空格或连字符处换行。

word-break属性和word-warp属性都是设置自动换行操作的，它们之间有何区别呢？在此通过一个案例来演示这两者的区别。

示例：英文单词的拆分。

示例代码如下：

```
<!DOCTYPE html>
<html lang="en">
<head>
  <meta charset="UTF-8">
  <title>Document</title>
  <style>
    p.test1 {
      width:11em;
      border:1px solid #000000;
      word-wrap: break-word;
    }
    p.test2 {
      width:11em;
      border:1px solid #000000;
      word-break:break-all;
    }
  </style>
</head>
<body>
  <p class="test1">This is a veryveryveryveryveryveryveryveryveryvery long paragraph.</p>
  <p class="test2">This is a veryveryveryveryveryveryveryveryveryvery long paragraph.</p>
</body>
</html>
```

代码运行的显示效果如图8-15所示。

图 8-15 单词拆分的显示效果

■8.1.5 圆角边框border-radius

border-radius属性用于设置元素的圆角边框，它可以接受多种值，用法示例如下：

```
border-radius: 10px; /* 所有角的半径为 10 像素，可以改为百分比*/
border-radius: 10px 20px; /* 左上角和右下角的半径为 10 像素，右上角和左下角的半径为 20 像素 */
border-radius: 10px 20px 30px; /* 左上角 10 像素，右上角和左下角 20 像素，右下角 30 像素 */
border-radius: 10px 20px 30px 40px; /* 左上 10 像素，右上 20 像素，右下 30 像素，左下 40 像素 */
border-radius: calc(10px + 5%); /* 结合固定值和百分比 */
```

若想使用单独的属性值区分开每个角的圆角半径，可以使用以下属性：

- border-top-left-radius：表示左上角。
- border-top-right-radius：表示右上角。
- border-bottom-right-radius：表示右下角。
- border-bottom-left-radius：表示左下角。

在圆角边框属性出现之前，若要得到一个带有圆角边框的按钮，通常需要借助绘图软件制作图片。这种方法有两个缺点：第一，页面中的元素需要美工和前端开发人员协调工作，降低了工作效率；第二，图片的大小通常比几行代码大许多，这样就导致了页面加载速度变慢，影响用户体验。

示例：制作扁平化按钮。

示例代码如下：

```
<!DOCTYPE html>
<html lang="en">
<head>
  <meta charset="UTF-8">
  <title>Document</title>
  <style>
```

```
    body{
        background: #ccc;
    }
    div{
        width: 200px;
        height: 50px;
        margin:20px auto;
        font-size: 30px;
        line-height: 45px;
        text-align: center;
        color:#fff;
        border:2px solid #fff;
        border-radius: 10px;
    }
    </style>
</head>
<body>
    <div>button</div>
</body>
</html>
```

代码运行的显示效果如图8-16所示。

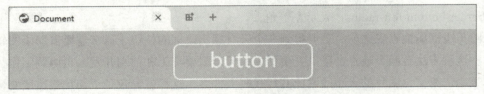

图 8-16　圆角边框的显示效果

■8.1.6　盒子阴影box-shadow

前面的章节介绍了CSS3的文本阴影，同样地，CSS3也引入了盒子阴影属性，利用盒子阴影属性可以制作出3D效果。

使用box-shadow属性可向盒子（框）添加一个或多个阴影。

语法描述：

box-shadow: h-shadow v-shadow blur spread color inset;

该属性是由逗号分隔的阴影列表，每个阴影由2~4个长度值、可选的颜色值以及可选的inset关键词来规定，省略长度的值是0。

属性值说明：

- **h-shadow**：必选。表示水平阴影的位置，允许负值。
- **v-shadow**：必选。表示垂直阴影的位置，允许负值。
- **blur**：可选。表示模糊距离。
- **spread**：可选。表示阴影的尺寸。
- **color**：可选。表示阴影的颜色。
- **inset**：可选。将外部阴影（outset）改为内部阴影。

示例：为按钮设置阴影的效果。

示例代码如下：

```html
<!DOCTYPE html>
<html lang="en">
<head>
  <meta charset="UTF-8">
  <title>Document</title>
  <style>
    body{
      background: #ccc;
    }
    div{
      width: 200px;
      height: 50px;
      margin:30px auto;
      font-size: 30px;
      line-height: 45px;
      text-align: center;
      color:#fff;
      border:5px solid #fff;
      border-radius: 10px;
      background: #f46;
      cursor:pointer;
    }
    div:hover{
      box-shadow: 0 10px 40px 5px #f46;
    }
  </style>
</head>
```

```
<body>
  <div>button</div>
</body>
</html>
```

代码运行后，将鼠标指针移动到按钮时的显示效果如图8-17所示。

图 8-17　带阴影按钮的显示效果

■8.1.7　边界边框border-image

border-image属性可以实现使用图片作为元素的边框，这样可以自定义出更加有趣、美观的元素边框，而不再局限于原来CSS预设的那些。这对从事Web前端开发的工程师来说，无疑为前端页面的开发提供了极大的方便与灵活性。

border-image属性是一个简写属性，用于同时设置border-image-source、border-image-slice、border-image-width、border-image-outset和border-image-repeat属性的值。如果省略某一属性，该属性就会采用其默认值。各属性的说明如下：

- **border-image-source**：用在边框的图片的路径。
- **border-image-slice**：图片边框向内偏移。
- **border-image-width**：图片边框的宽度。
- **border-image-outset**：边框图像区域超出边框的量。
- **border-image-repeat**：图像边框是否平铺（repeat）、铺满（round）或拉伸（stretch）。

示例：设置图像边框效果。

示例代码如下：

```
<!DOCTYPE html>
<html lang="en">
<head>
  <meta charset="UTF-8">
  <title>Document</title>
  <style>
    div{
      border:15px solid transparent;
```

```
        width:300px;
        padding:10px 20px;
    }
    #round{
        -moz-border-image:url(/i/border.png) 30 30 round;        /* Old Firefox */
        -webkit-border-image:url(/i/border.png) 30 30 round;     /* Safari and Chrome */
        -o-border-image:url(/i/border.png) 30 30 round;          /* Opera */
        border-image: url(/i/border.png) 30 30 round;            /* 其他浏览器 */
    }
    #stretch{
        -moz-border-image:url(/i/border.png) 30 30 stretch;      /* Old Firefox */
        -webkit-border-image:url(/i/border.png) 30 30 stretch;   /* Safari and Chrome */
        -o-border-image:url(/i/border.png) 30 30 stretch;        /* Opera */
        border-image: url(/i/border.png) 30 30 stretch;          /* 其他浏览器 */
    }
    </style>
</head>
<body>
    <div id="round">在这里，图片铺满整个边框。</div>
    <br />
    <div id="stretch">在这里，图片被拉伸以填充该区域。</div>
    <p>这是我们使用的图片：</p>
    <img src="border.png">
</body>
</html>
```

代码运行的显示效果如图8-18所示。

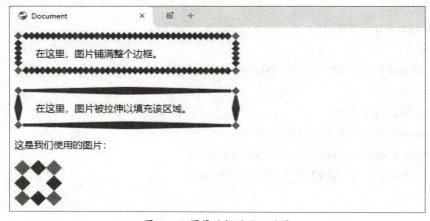

图 8-18　图像边框的显示效果

8.2　颜色样式

在CSS3之前，只能使用RGB模式定义的颜色值，通过opacity属性设置颜色的不透明度。CSS3增加了3种颜色值定义模式：RGBA颜色值、HSL颜色值和HSLA颜色值，并且允许通过对RGBA颜色值和HSLA颜色值设定Alpha通道的方法来轻松实现半透明文字与图像互相重叠的效果。

■8.2.1　使用RGBA颜色值

RGBA色彩模式是RGB色彩模式的扩展，它在红、绿、蓝三色通道的基础上增加了不透明度参数，其语法格式如下：

```
rgba(r,g,b,<opacity>)
```

其中，"r""g""b"分别表示红色、绿色和蓝色3种颜色的强度值。"r""g""b"的值可以是正整数或者百分数。正整数的取值范围为0~255，百分数值的取值范围为0.0%~100.0%，超出范围的数值将被裁剪到最接近的取值极限。第4个参数<opacity>表示不透明度，取值范围为0~1。需要注意的是，并非所有浏览器都支持使用百分数值。

示例：为表格边框设置颜色。

示例代码如下：

```
<!DOCTYPE html>
<html lang="en">
<head>
  <meta charset="UTF-8">
  <title>Document</title>
  <style type="text/css">
    input, textarea {
      padding: 4px;
      border: solid 1px #E5E5E5;
      outline: 0;
      font: normal 13px/100% Verdana, Tahoma, sans-serif;
      width: 200px;
      background: #FFFFFF;
      box-shadow: rgba(0, 0, 0, 0.1) 0px 0px 8px;
      -moz-box-shadow: rgba(0, 0, 0, 0.1) 0px 0px 8px;
      -webkit-box-shadow: rgba(0, 0, 0, 0.1) 0px 0px 8px;
    }
```

```
input:hover, textarea:hover, input:focus, textarea:focus { border-color: #C9C9C9; }
label {
    margin-left: 10px;
    color: #999999;
    display:block;
}
.submit input {
    width:auto;
    padding: 9px 15px;
    background: #617798;
    border: 0;
    font-size: 14px;
    color: #FFFFFF;
}
</style>
</head>

<body>
<form>
    <p class="name">
        <label for="name">姓名</label>
        <input type="text" name="name" id="name" />
    </p>
    <p class="email">
        <label for="email">邮箱</label>
        <input type="text" name="email" id="email" />
    </p>
    <p class="submit">
        <input type="submit" value="提交" />
    </p>
</form>
</body>
</html>
```

代码运行的显示效果如图8-19所示。

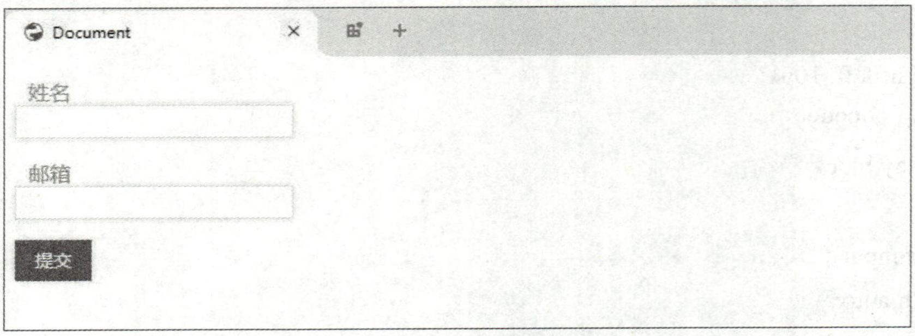

图 8-19　边框颜色设置的效果

■8.2.2　使用HSL颜色值

在CSS3中新增了HSL颜色表现方式。HSL色彩模式是工业界的一种颜色标准，它通过对色相（H）、饱和度（S）和亮度（L）三个颜色通道的变化以及它们互相之间的叠加来获得各种颜色。这个标准几乎包括了视觉所能感知的所有颜色，在屏幕上可以重现16 777 216种颜色，是目前运用非常广泛的颜色系统之一。

在CSS3中，HSL色彩模式的语法格式如下：

```
hsl(<length>,<percentage>,<percentage>)
```

参数说明：

- **<length>**：表示色相（hue）。色相衍生于色盘，取值可以为任意数值，其中，0（或360、-360）表示红色，60表示黄色，120表示绿色，180表示青色，240表示蓝色，300表示洋红。当然可设置其他数值来确定不同颜色。
- **<percentage>**：表示饱和度（saturation），也就是说该色彩被使用了多少，或者说颜色的深浅程度、鲜艳程度，取值范围为0%～100%。其中，0%表示灰度，即没有使用该颜色；100%表示饱和度最高，即颜色最艳。
- **<percentage>**：表示亮度（lightness），取值范围为0%～100%。其中，0%表示最暗，50%表示均值，100%表示最亮，显示为白色。

下面将设计一个颜色表，因为在网页设计中利用这种方法就可以根据网页需要选择最恰当的配送方案。

例如：

```
background:hsl(60,100%,100%);
background:hsl(0,75%,50%);
```

■8.2.3　使用HSLA颜色值

HSLA色彩模式是HSL色彩模式的扩展，在色相、饱和度和亮度三要素基础上增加了不透明度参数，使用HSLA色彩模式可以定义不同的透明效果。

语法格式如下：

hsla(<length>,<percentage>,<percentage>,<opacity>)

参数说明：

前3个参数与hsl()函数参数的定义和用法相同，第4个参数<opacity>表示不透明度，取值范围为0～1。

例如：

background: hsla(120,50%,50%,0.1);

课堂演练

根据图8-20中所展示的内容和效果，结合之前讲述的知识设置出相同的样式。图中显示的是4个按钮，当光标放在按钮上的时候颜色会发生变化。

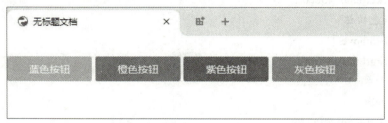

图 8-20　课堂演练示意图

代码如下：

```
<!DOCTYPE html>
  <html lang="en">
    <head>
      <meta charset="utf-8">
      <style type="text/css">
        *{margin: 0; padding: 0;}
        .container{
          margin: 0 auto;
          padding-top: 30px;
          width: 1000px;
        }
        .btn{
          display: inline-block;
          padding: 0 30px;
          width: auto;
```

```css
        height: 35px;
        font: 14px/35px 'microsoft yahei';
        color: #fff; border: 0;
        border-radius: 3px;
        text-align: center;
        cursor: pointer;
        -webkit-transition: all .5s;
        -moz-transition: all .5s;
        -ms-transition: all .5s;
        -o-transition: all .5s;
        transition: all .5s;
    }
    .blueBtn{
        background: #5dcbff;
    } /*蓝色按钮*/
    .blueBtn:hover{
        background: #40b6ee;
    }
    .orangeBtn{
        background: #ff5700;
    }/*橙色按钮*/
    .orangeBtn:hover{
        background: #e25d18;
    }
    .violetBtn{
        background: #6680ff;
    }/*紫色按钮*/
    .violetBtn:hover{
        background: #425de0;
    }
    .grayBtn{
        background: #999;
    }/*灰色按钮*/
    .grayBtn:hover{
        background: #7f7f7f;
    }
</style>
```

```
    </head>
    <body>
        <div class="container">
            <span class="btn blueBtn">蓝色按钮</span>
            <span class="btn orangeBtn">橙色按钮</span>
            <span class="btn violetBtn">紫色按钮</span>
            <span class="btn grayBtn">灰色按钮</span>
        </div>
    </body>
</html>
```

课后作业

本案例将模拟一个网站的首页，借助text-shadow属性设计阴影效果，通过颜色的搭配来营造一种静谧神秘的氛围，使用两幅PNG图像对页面效果进行装饰和点缀，最后展示的效果如图8-21所示，参考代码详见本章示例文件。

图 8-21   课后作业效果图

第 9 章

渐变和转换

内容概要

　　渐变背景在网页设计中一直占有重要地位，但过去通常需要前端工程师与设计师配合，通过切图来实现。CSS3的渐变功能彻底颠覆了这种传统做法，现在前端工程师可以独立实现此功能。此外，CSS3的转换特性也是一项颠覆性的功能，它可以实现元素的位移、旋转、变形和缩放，甚至支持矩阵变换。本章将详细介绍CSS3的转换和渐变的相关知识。

数字资源

【本章示例文件】："示例文件\第9章"目录下

9.1　渐变简介

所谓渐变，是指颜色与颜色之间的平滑过渡。在实现渐变的过程中，首先要创建多个颜色值，然后在多个颜色之间实现平滑的过渡效果。用Photoshop中的渐变编辑器做简单的示意，如图9-1所示。

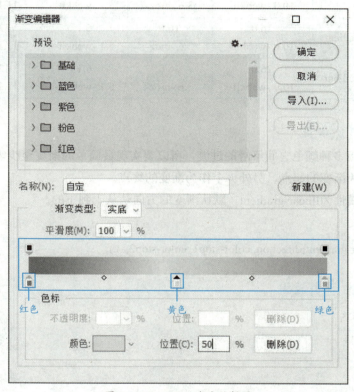

图 9-1　Photoshop 渐变编辑器

图中框选的部分就是渐变效果，可以看出，在红色与黄色、黄色和绿色之间的颜色都是平滑过渡的。CSS3中实现的渐变也是如此。

CSS3可定义两种类型的渐变（gradients），分别是：

- **线性渐变（linear gradients）**：沿向下/向上/向左/向右/对角方向进行渐变。
- **径向渐变（radial gradients）**：由中心向外进行渐变。

■9.1.1　浏览器支持

最早实现对CSS3渐变支持的浏览器是-webkit-内核的浏览器，随后也得到了Firefox和Opera浏览器的支持，但是众多浏览器之间并没有统一起来，所以在使用渐变时还需要加上浏览器厂商前缀。

表9-1是各大浏览器厂商对CSS3渐变的支持情况。

表 9-1　不同浏览器对 CSS3 渐变属性的支持

属性	Firefox	Chrome	Safari	Opera	IE
linear-gradient	26.0 10.0 -webkit-	16.0 3.6 -moz-	6.1 5.1 -webkit-	12.1 11.1 -o-	10.0
radial-gradient	26.0 10.0 -webkit-	16.0 3.6 -moz-	6.1 5.1 -webkit-	12.1 11.1 -o-	10.0
repeating-linear-gradient	26.0 10.0 -webkit-	16.0 3.6 -moz-	6.1 5.1 -webkit-	12.1 11.1 -o-	10.0
repeating-radial-gradient	26.0 10.0 -webkit-	16.0 3.6 -moz-	6.1 5.1 -webkit-	12.1 11.1 -o-	10.0

■9.1.2　线性渐变

因为渐变是指多种颜色之间平滑的过渡，所以要实现最简单的渐变至少需要定义两个颜色值，一个颜色作为渐变的起点，另外一个作为渐变的终点。

线性渐变的属性为linear-gradient，默认渐变的方向是从上到下的。

语法描述：

```
background: linear-gradient(direction, color-stop1, color-stop2, ...);
```

示例：制作线性渐变效果。

示例代码如下：

```
<!DOCTYPE html>
<html lang="en">
<head>
  <meta charset="UTF-8">
  <title>Document</title>
  <style>
    div{
      width: 200px;
      height: 200px;
      background:-ms-linear-gradient(pink,lightblue);
      background:-webkit-linear-gradient(pink,lightblue);
      background:-o-linear-gradient(pink,lightblue);
      background:-moz-linear-gradient(pink,lightblue);
      background:linear-gradient(pink,lightblue);
    }
  </style>
```

```
</head>
<body>
  <div></div>
</body>
</html>
```

代码运行的显示效果如图9-2所示。

图 9-2　默认的从上到下线性渐变效果

以上代码中把标准属性放在了最下方,而上面分别为不同内核的浏览器都做了私有的属性设置。这主要是因为目前的浏览器对CSS3渐变的支持程度还不是非常理想,保守起见还是写入了各个浏览器厂商的前缀。

上例实现的是一个在默认方向上的线性渐变效果。如果需要其他方向的渐变效果,只需在设置颜色值之前设置渐变方向的起点位置即可。

下面是一个从左向右的渐变效果的示例。

```
background:-ms-linear-gradient(left,pink,lightblue);
background:-webkit-linear-gradient(left,pink,lightblue);
background:-o-linear-gradient(left,pink,lightblue);
background:-moz-linear-gradient(left,pink,lightblue);
background:linear-gradient(left,pink,lightblue);
```

产生的效果如图9-3所示。

图 9-3　从左至右线性渐变效果

如果需要实现一个对角线的渐变效果，思路其实是一样的，在设置颜色值之前先设置渐变开始的位置。

下面是一个从右下角到左上角的渐变效果的示例。

```
background:-ms-linear-gradient(right bottom,pink,lightblue);
background:-webkit-linear-gradient(right bottom,pink,lightblue);
background:-o-linear-gradient(right bottom,pink,lightblue);
background:-moz-linear-gradient(right bottom,pink,lightblue);
background:linear-gradient(right bottom,pink,lightblue);
```

产生的效果如图9-4所示。

图 9-4　从右下角至左上角线性渐变效果

如果以上的渐变方式还是觉得不够，也可以使用角度来控制渐变的方向，而不是单纯地使用关键词来控制。

语法描述：

```
background: linear-gradient(angle, color-stop1, color-stop2);
```

说明：

角度angle是指水平线和渐变线之间的角度，按逆时针方向计算。换句话说，0 deg将创建一个从下到上的渐变，90 deg将创建一个从左到右的渐变，可结合图9-5进行分析。

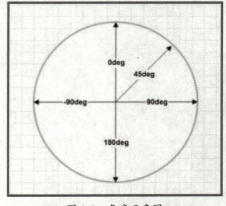

图 9-5　角度示意图

需要注意的是，很多浏览器（如Chrome、Safari、Firefox等）使用的是旧的标准，即0 deg将创建一个从左到右的渐变，90 deg将创建一个从下到上的渐变。角度的换算公式：$90-x=y$，其中x为标准角度，y为非标准角度。

下面的代码将创建一个120度的线性渐变效果。

```
background:-ms-linear-gradient(120deg,pink,lightblue);
background:-webkit-linear-gradient(120deg,pink,lightblue);
background:-o-linear-gradient(120deg,pink,lightblue);
background:-moz-linear-gradient(120deg,pink,lightblue);
background:linear-gradient(120deg,pink,lightblue);
```

代码产生的效果如图9-6所示。

图 9-6　120 度线性渐变效果

如果这样还不能满足对线性渐变效果的需求，可以在背景中加入多个颜色控制点，使其实现多种颜色的渐变效果。例如：

```
background:-ms-linear-gradient(120deg,pink,lightblue,yellowgreen,red);
background:-webkit-linear-gradient(120deg,pink,lightblue,yellowgreen,red);
background:-o-linear-gradient(120deg,pink,lightblue,yellowgreen,red);
background:-moz-linear-gradient(120deg,pink,lightblue,yellowgreen,red);
background:linear-gradient(120deg,pink,lightblue,yellowgreen,red);
```

代码产生的效果如图9-7所示。

图 9-7　多色线性渐变效果

■9.1.3 径向渐变

CSS3不仅仅提供了简单的线性渐变，还提供了径向渐变的功能。所谓径向渐变，实际就是呈圆形向外进行渐变。径向渐变由它的中心定义渐变的开始颜色点。

若要创建一个径向渐变，则至少需要定义两种颜色，同时也要指定渐变的中心、形状（圆形或椭圆形）、大小。默认情况下，渐变的中心是center（表示在中心点），渐变的形状是ellipse（表示椭圆形），渐变的大小是farthest-corner（表示直到最远的角落）。

语法描述：

```
background: radial-gradient(center, shape, size, start-color, ..., last-color);
```

示例：制作径向渐变效果。

示例代码如下：

```
<!DOCTYPE html>
<html lang="en">
<head>
  <meta charset="UTF-8">
  <title>径向渐变</title>
  <style>
    div{
      width: 200px;
      height: 200px;
      background:-ms-radial-gradient(pink,lightblue,yellowgreen);
      background:-webkit-radial-gradient(pink,lightblue,yellowgreen);
      background:-o-radial-gradient(pink,lightblue,yellowgreen);
      background:-moz-radial-gradient(pink,lightblue,yellowgreen);
      background:radial-gradient(pink,lightblue,yellowgreen);
    }
  </style>
</head>
<body>
  <div></div>
</body>
</html>
```

代码运行的显示效果如图9-8所示。

图 9-8 径向渐变效果

以上代码实现的是最简单的径向渐变，从图中可以看出，三种颜色均匀分布在div中，如果需要实现颜色与颜色的不均匀分布，可以设置每种颜色在div中所占的比例。例如：

```
background:-ms-radial-gradient(pink 10%,lightblue 70%,yellowgreen 20%);
background:-webkit-radial-gradient(pink 10%,lightblue 70%,yellowgreen 20%);
background:-o-radial-gradient(pink 10%,lightblue 70%,yellowgreen 20%);
background:-moz-radial-gradient(pink 10%,lightblue 70%,yellowgreen 20%);
background:radial-gradient(pink 10%,lightblue 70%,yellowgreen 20%);
```

代码实现的效果如图9-9所示。

图 9-9 指定比例的径向渐变效果

9.2 CSS3转换

转换是CSS3中具有颠覆性的特征之一，可以实现元素的位移、旋转、变形、缩放，甚至支持矩阵方式。以前想要在网页中做出一些动画效果，往往需要借助一些类似于Flash的插件才可以完成，但是CSS3提供了转换功能，使得前端开发变得简单起来。

■9.2.1 2D转换

CSS3转换是指可以移动、比例化、反转、旋转和拉伸元素。CSS3中2D转换的方法有很多。

1. translate()方法——移动

使用translate()方法可以根据左（X轴）和顶部（Y轴）位置给定的参数，从当前元素位置移动。

语法描述：

```
transform: translate(tx, ty);
```

参数说明：

- **tx**：水平移动的距离，单位可以是像素（px）、em等，也可以是百分比值。为正值时向右移动，为负值时向左移动。
- **ty**：垂直移动的距离，同样可以使用像素、em等单位和百分比值。为正值时向下移动，为负值时向上移动。

示例：移动位置效果展示。

示例代码如下：

```html
<!DOCTYPE html>
<html lang="en">
<head>
  <meta charset="utf-8">
  <title>translate()</title>
  <style>
    div{
      width: 200px;
      height: 200px;
      background: #CF3;
    }
  </style>
</head>
<body>
  <div></div>
</body>
</html>
```

代码运行的显示效果如图9-10所示。

图 9-10　运行显示效果

此时看见的div显示块在页面中的位置是它最开始的位置。如果要改变原来的位置，将它移动到一个新的位置，就需要对它进行2D转换的移动操作。

移动操作的示例代码如下：

```
transform: translate(100px,50px);
```

将以上代码加入到CSS定义的div选择器中以后，代码的运行效果如图9-11所示。

图 9-11　2D 转换——移动位置

此时，这个元素的位置就是代码中设置的(100px, 50px)。

2. rotate()方法——旋转

以往在页面中所能得到的盒子模型都是整整齐齐的放置在页面当中，从来没有得到过一个斜的盒子模型，现在使用CSS3中的2D转换方法rotate()就可以对元素进行旋转操作了。

语法描述：

```
transform: rotate(angle);
```

参数说明：

angle代表旋转的角度，可以采用度（deg）、弧度（rad）、梯度（grad）等单位。

使用rotate()方法可以实现按给定的度数顺时针旋转元素的功能。度数为负值也是允许的，这时元素是逆时针旋转的。

示例：2D的旋转效果展示。

示例代码如下：

```
<!DOCTYPE html>
<html lang="en">
<head>
  <meta charset="UTF-8">
  <title>旋转rotate()</title>
  <style>
    div{
```

```
       width:300px;
       height:300px;
       background: #CF0;
       margin:100px;
     }
    div:hover{
       transform: rotate(45deg);
     }
  </style>
</head>
<body>
  <div></div>
</body>
</html>
```

代码运行后，鼠标光标划过颜色块时的显示效果如图9-12所示。

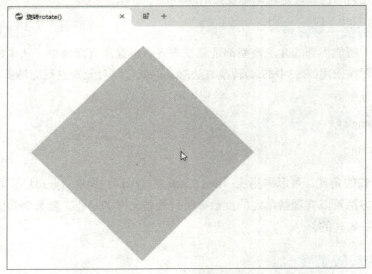

图 9-12　2D 旋转效果

3. scale()方法——缩放

通过scale()方法可以对页面中的元素进行等比例放大或缩小，还可以指定物体缩放的中心。
语法描述：

transform: scale(sx, sy);

参数说明：

● **sx**：水平缩放因子，表示元素在水平方向上的缩放比例。如果sx的值大于1，元素会放大；如果sx的值小于1，元素会缩小。

● **sy**：垂直缩放因子，表示元素在垂直方向上的缩放比例。如果sy的值大于1，元素会放大；如果sy的值小于1，元素会缩小。

若只提供一个参数，则水平和垂直方向的缩放比例相同。

scale()方法中元素增加或减少的大小取决于宽度（X轴）和高度（Y轴）的参数。

示例：2D缩放效果。

示例代码如下：

```html
<!DOCTYPE html>
<html lang="en">
<head>
  <meta charset="utf-8">
  <title>缩放scale()</title>
  <style>
    div{
      width:100px;
      height:100px;
      background: #9F0;
      margin:10px auto;
    }
    .a1{
      transform: scale(1,1);
    }
    .b2{
      transform: scale(1.5,1);
    }
    .c3{
      transform: scale(0.5);
    }
  </style>
</head>
<body>
  <div class="a1"></div>
  <div class="b2"></div>
  <div class="c3"></div>
</body>
</html>
```

代码运行的显示效果如图9-13所示。

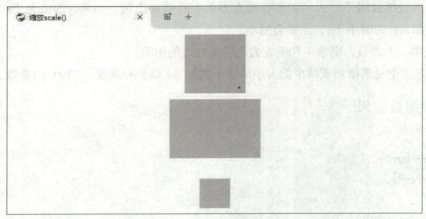

图 9-13 图像缩放效果

从运行结果可以看出，虽然为每个div都设置了相同的宽、高属性，但是由于各自的缩放比例不同，它们显示在页面中的结果是不一样的。

从结果还可以发现，所有的div缩放其实都是从中心进行的，缩放操作的默认中心点就是元素的中心。这个缩放的中心是可以改变的，此时需要设置transform-origin属性。

语法描述：

```
transform-origin: x-axis y-axis;
```

说明：x-axis、y-axis分别为视图被置于X轴、Y轴的坐标位置。

示例：改变缩放的中心点。

示例代码如下：

```
<!DOCTYPE html>
<html lang="en">
<head>
  <meta charset="utf-8">
  <title> transform-origin属性</title>
  <style>
    div{
      width: 200px;
      height: 200px;
      transform-origin: 0 0;
      margin:10px auto;
    }
    .a1{
```

```
      transform: scale(1,1);
      background: blue;
    }
    .b2{
      transform: scale(1.5,1);
      background: red;
    }
    .c3{
      transform: scale(0.5);
      background: green;
    }
  </style>
</head>
<body>
  <div class="a1"></div>
  <div class="b2"></div>
  <div class="c3"></div>
</body>
</html>
```

同样的代码，只是改变了元素转换的位置，即可实现类似于柱状图的效果。

代码运行的显示效果如图9-14所示。

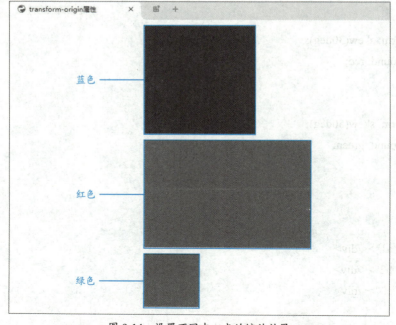

图 9-14　设置不同中心点的缩放效果

4. skew()方法——倾斜

skew()方法包含两个参数，分别表示X轴和Y轴倾斜的角度，如果第2个参数为空，则默认为0；参数为负值时表示向相反方向倾斜。

语法描述：

```
transform:skew(<angle> [,<angle>]);
```

示例：实现倾斜效果。

示例代码如下：

```
<!DOCTYPE html>
<html lang="en">
<head>
  <meta charset="UTF-8">
  <title>倾斜skew() </title>
  <style>
    div{
      width: 200px;
      height: 200px;
      margin:10px auto;
    }
    .a1{
      background: blue;
    }
    .b2{
      transform: skew(30deg);
      background: red;
    }
    .c3{
      transform: skew(50deg);
      background: green;
    }
  </style>
</head>
<body>
  <div class="a1"></div>
  <div class="b2"></div>
  <div class="c3"></div>
```

```
</body>
</html>
```

代码运行的显示效果如图9-15所示。

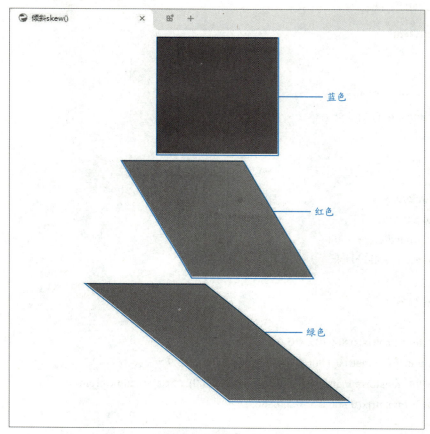

图 9-15　倾斜效果

5. matrix()方法——合并

使用matrix()方法可将2D变换方法合并成一个。matrix()方法有6个参数，用于实现翻转、缩放、移动（平移）和倾斜等功能。

语法描述：

```
transform: matrix(sx,sky,skx,sy,tx,ty);
```

参数说明：

- **sx**：水平缩放值，如果为负值，还会引起水平翻转。
- **sky**：垂直倾斜值，以弧度为单位。
- **skx**：水平倾斜值，以弧度为单位。
- **sy**：垂直缩放值，如果为负值，还会引起垂直翻转。

- **tx**：水平平移的距离。
- **ty**：垂直平移的距离。

示例：网页中实现图片的2D变换。

示例代码如下：

```html
<!DOCTYPE html>
<html>
<head>
  <meta charset="utf-8">
  <title>合并matrix()</title>
  <style>
    div
    {
      width:200px;
      height:175px;
      background-color: #9F0;
      border:1px solid black;
    }
    div#div2
    {
      transform:matrix(0.866,0.5,-0.5,0.866,0,0);
      -ms-transform:matrix(0.866,0.5,-0.5,0.866,0,0); /* IE 9 */
      -webkit-transform:matrix(0.866,0.5,-0.5,0.866,0,0); /* Safari and Chrome */
      transform:matrix(0.866,0.5,-0.5,0.866,0,0);
    }
  </style>
</head>
<body>
  <div>这是合并matrix()的用法.</div>
  <div id="div2">这是合并matrix()的用法.</div>
</body>
</html>
```

代码运行的显示效果如图9-16所示。

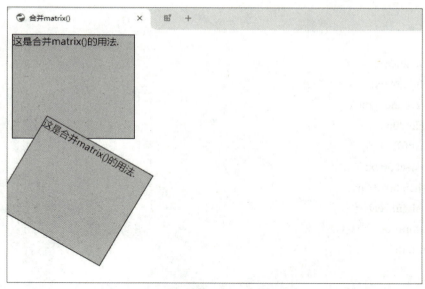

图 9-16 用 matrix() 方法实现倾斜效果

■9.2.2 3D转换

在CSS3中，除了可以使用2D转换以外，还可以使用3D转换来实现酷炫的网页特效，这些操作还是依靠transform属性来完成的。

实现3D转换的方法有不少，如translateX()、translateY()、translateZ()、scaleX()、scaleY()、rotateX()、rotateY()、rotateZ()等，这里主要介绍常用的两种：rotateX()和rotateY()，其他的与这两个方法的用法类似，读者可查阅相关资料，限于篇幅，这里不再赘述。

1. rotateX()方法

使用rotateX()方法可按一个给定度数围绕X轴旋转元素。

这个方法与之前的2D转换方法rotate()是不同的，rotate()方法是让元素在平面内旋转，rotateX()方法是让元素在空间内旋转，也就是让元素在空间内绕X轴旋转。

语法描述：

```
transform: rotateX(angle);
```

示例：在X轴上的3D转换效果。

示例代码如下：

```
<!DOCTYPE html>
<html lang="en">
<head>
  <meta charset="UTF-8">
  <title>rotateX()方法</title>
```

```
<style>
    div{
        width: 200px;
        height: 200px;
        background: green;
        margin:20px;
        color:#fff;
        font-size: 50px;
        line-height: 200px;
        text-align: center;
        transform-origin: 0 0 ;
        float: left;
    }
    .d1{
        transform: rotateX(40deg);
    }
</style>
</head>
<body>
    <div>3D旋转</div>
    <div class="d1">3D旋转</div>
</body>
</html>
```

代码运行的显示效果如图9-17所示。

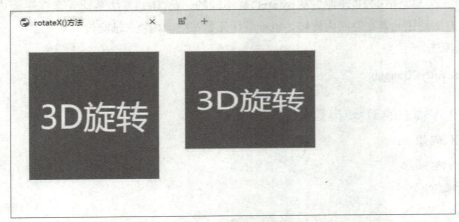

图 9-17   rotateX 旋转效果

2. rotateY()方法

使用rotateY()方法可按一个给定度数围绕*Y*轴旋转元素。

语法描述：

```
transform: rotateY(angle);
```

接着前面的案例往下做，看看它们之间的区别。

示例：在*Y*轴上的3D转换效果。

示例代码如下：

```html
<!DOCTYPE html>
<html lang="en">
<head>
  <meta charset="UTF-8">
  <title>rotateY()方法</title>
  <style>
    div{
        width: 170px;
        height: 170px;
        background: green;
        margin:20px;
        color:#fff;
        font-size: 50px;
        line-height: 200px;
        text-align: center;
        transform-origin: 0 0 ;
        float: left;
    }
    .d1{
        transform: rotateX(40deg);
    }
    .d2{
        transform: rotateY(50deg);
    }
  </style>
</head>
<body>
  <div>3D旋转</div>
```

```
    <div class="d1">3D旋转</div>
    <div class="d2">3D旋转</div>
</body>
</html>
```

代码运行的显示效果如图9-18所示。

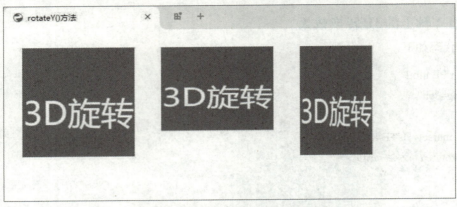

图 9-18　在 X 轴、Y 轴上的 3D 旋转效果

除了3D转换方法，还要了解和掌握3D转换的一些属性，下面介绍几个常用的转换属性。

1. transform-style属性

transform-style属性用于规定元素的呈现方式。

语法描述：

```
transform-style: flat|preserve-3d;
```

属性值说明：
- **flat**：表示所有子元素在2D平面呈现。
- **preserve-3d**：表示所有子元素在3D空间中呈现。

示例：元素在3D空间中的显示效果。

示例代码如下：

```
<!DOCTYPE html>
<html>
<head>
    <meta charset="utf-8">
    <title> transform-style属性</title>
    <style>
        #d1
```

```
    {
        position: relative;
        height: 200px;
        width: 200px;
        margin: 100px;
        padding:10px;
        border: 1px solid black;
    }
    #d2
    {
        padding:50px;
        position: absolute;
        border: 1px solid black;
        background-color: #F66;
        transform: rotateY(60deg);
        transform-style: preserve-3d;          /* 在3D空间中显示 */
        -webkit-transform: rotateY(60deg);     /* Safari and Chrome */
        -webkit-transform-style: preserve-3d;  /* Safari and Chrome */
    }
    #d3
    {
        padding:40px;
        position: absolute;
        border: 1px solid black;
        background-color: green;
        transform: rotateY(-60deg);
        -webkit-transform: rotateY(-60deg); /* Safari and Chrome */
    }
    </style>
</head>
<body>
    <div id="d1">
        <div id="d2">HELLO
            <div id="d3">world</div>
        </div>
    </div>
</body>
</html>
```

代码运行的显示效果如图9-19所示。

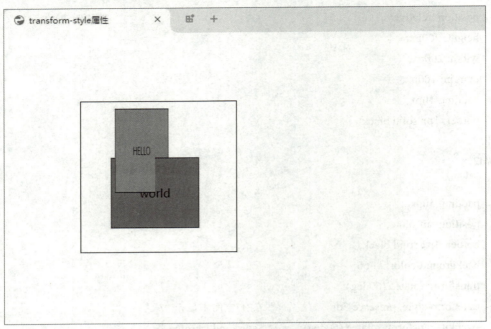

图 9-19　元素在 3D 空间中的显示效果

2. perspective属性

perspective属性对于3D变换来说至关重要。它可设置查看者的位置，并将可视内容映射到一个视锥上，然后投射到一个2D视平面上，即查看元素的透视效果。可以简单地将perspective属性理解为视距，即用户和元素3D空间Z平面之间的距离。这个属性的效果由其值决定，值越小，用户与3D空间Z平面距离越近，视觉效果更令人印象深刻；反之，值越大，用户与3D空间Z平面距离越远，视觉效果就越小。

语法描述：

```
perspective: number|none;
```

属性值说明：

- **number**：元素与视图的距离，以像素计。
- **none**：默认值，与0相同，不设置透视。

perspective属性定义的是3D元素距视图的距离，值是以像素计的。当设置了perspective属性后，将会看到三维的透视效果。默认的透视视角中心在容器的中点，也就是perspective-origin属性的默认值。perspective属性一般要和perspective-origin属性配合使用。

3. perspective-origin属性

perspective-origin属性定义了3D元素所基于的X轴和Y轴，该属性允许改变3D元素的底部位置。这个属性定义了观察3D元素时的视角位置，对于控制3D变换的距离和效果至关重要。该属性必须与perspective属性一同使用，而且只影响3D转换元素。

需要注意的是，当为元素定义perspective-origin属性时，其子元素会获得透视效果，而不是元素本身。

语法描述：

```
perspective-origin: x-axis y-axis;
```

属性值说明：

- **x-axis**：定义视点在X轴上的位置。
- **y-axis**：定义视点在Y轴上的位置。

示例：查看3D透视图效果。

示例代码如下：

```
<!DOCTYPE html>
<html>
<head>
  <meta charset="utf-8">
  <title> perspective属性</title>
  <style>
    #div1{
        position: relative;
        height: 150px;
        width: 150px;
        margin: 50px;
        padding:10px;
        border: 1px solid black;
        perspective:150;
        -webkit-perspective:150; /* Safari and Chrome */
    }
    #div2{
        padding:50px;
        position: absolute;
        border: 1px solid black;
        background-color: #9F3;
```

```
        transform: rotateX(30deg);
        -webkit-transform: rotateX(45deg); /* Safari and Chrome */
    }
    </style>
</head>
<body>
    <div id="div1">
    <div id="div2">CSS3  3D转换</div>
</div>
</body>
</html>
```

代码运行的效果如图9-20所示。

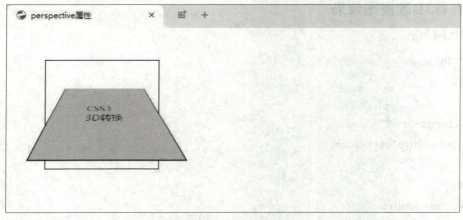

图 9-20　3D 透视图效果

4. backface-visibility

backface-visibility属性用于定义当元素不面向屏幕时是否可见。

如果在旋转元素时不希望看到其背面，该属性很有用。

语法描述：

backface-visibility: visible|hidden;

属性值说明：

- **visible**：背面是可见的。
- **hidden**：背面是不可见的。

课堂演练

利用本章学习的知识制作出如图9-21所示的旋转的圆角矩形。

图 9-21　旋转的圆角矩形

代码如下：

```
<!DOCTYPE html>
<html lang="en">
<head>
  <meta charset="utf-8">
  <meta name="viewport" content="width=device-width, initial-scale=1.0">
  <title>CSS3 动画示例</title>
  <style>
    body {
      display: flex;
      justify-content: center;
      align-items: center;
      height: 100vh;
      margin: 0;
      background-color: #f0f0f0;
    }
    .animated-box {
      width: 100px;
      height: 100px;
```

```
      background: linear-gradient(45deg, #ff6b6b, #f0e130, #6bffb3, #30a1f0);
      background-size: 400% 400%;
      animation: gradientAnimation 5s ease infinite, rotateAnimation 5s linear infinite;
      border-radius: 20px;
    }
    @keyframes gradientAnimation {
      0% {
        background-position: 0% 50%;
      }
      50% {
        background-position: 100% 50%;
      }
      100% {
        background-position: 0% 50%;
      }
    }
    @keyframes rotateAnimation {
      0% {
        transform: rotate(0deg);
      }
      100% {
        transform: rotate(360deg);
      }
    }
  </style>
</head>
<body>
  <div class="animated-box"></div>
</body>
</html>
```

课后作业

通过3D旋转变换制作正方体旋转的效果，如图9-22和图9-23所示，参考代码详见本章示例文件。

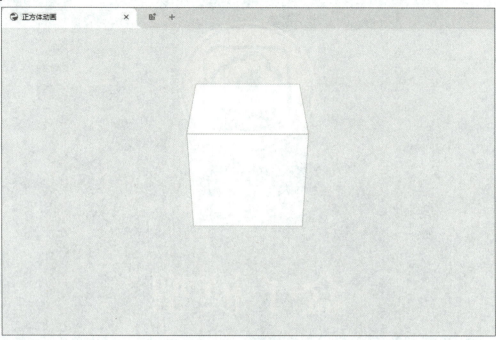

图 9-22　正方体旋转 1

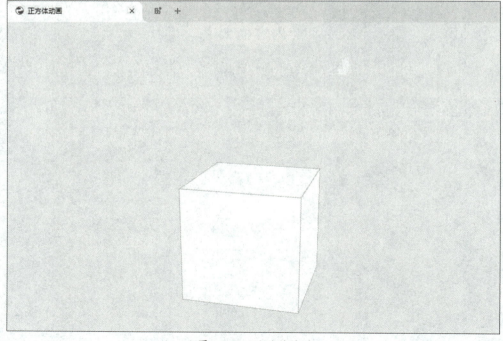

图 9-23　正方体旋转 2

第 **10** 章

盒子模型

内容概要

　　盒子模型使得Div+CSS布局在网页设计中得心应手，传统的盒子模型几乎可以满足任何PC端页面布局的需求。但是，在当今的移动互联网时代，传统的布局已无法很好地满足移动端页面的需求。为此，CSS3引入了弹性盒子模型，这种模型不仅能够在PC端实现理想的布局，还能在移动端提供灵活且适应性很强的布局方案。

数字资源

【本章示例文件】："示例文件\第10章"目录下

10.1 盒子模型

对盒子模型最常用的操作就是使用内外边距，这也是Div+CSS布局中最经典的操作。

■10.1.1 认识盒子模型

网页设计中经常涉及的属性有内容（content）、填充（padding）、边框（border）、边界（margin），CSS的盒子模型也都具备这些属性。这些属性可以用日常生活中的盒子（箱子）来理解，因此，这种模型被称为盒子模型，如图10-1所示。

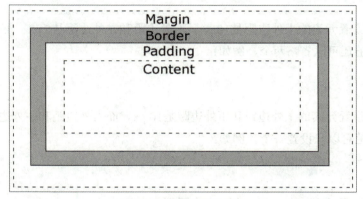

图 10-1　盒子模型示意图

■10.1.2 外边距设置

设置外边距最简单的方法就是使用margin属性。Margin边界环绕在该元素的content区域四周，如果margin属性的值为0，则Margin边界与Border边界重合。这个属性可以设置为一个元素，表示所有外边距的宽度，或者设置为各边的外边距宽度。

该属性接收任何长度单位，可以是像素、毫米、厘米等，也可以设置为auto（自动）。常见做法是为外边距设置长度值，长度值允许使用负值。

表10-1所示为外边距属性及其含义。

表 10-1　外边距属性及其含义

属　　性	含　　义
margin	简写属性。在一个声明中设置所有的外边距属性
margin-top	设置元素的上边距
margin-right	设置元素的右边距
margin-bottom	设置元素的下边距
margin-left	设置元素的左边距

例如：

```
margin:10px 5px 15px 20px;
```

该语句表示元素的上外边距是10 px、右外边距是5 px、下外边距是15 px、左外边距是20 px。margin属性的值是按照上、右、下、左顺序进行设置的，即从上外边距开始按照顺时针方向旋转。

margin属性值可以省略一个，例如：

```
margin:10px 5px 15px;
```

该语句表示设置元素的上外边距是10 px、右外边距和左外边距是5 px、下外边距是15 px。

margin属性值还可以省略两个，例如：

```
margin:10px 5px;
```

该语句表示设置元素的上外边距和下外边距是10 px，而右外边距和左外边距是5 px。

margin属性值可以只设置一个，例如：

```
margin:10px;
```

该语句表示设置元素的上、下、左、右边距都是10 px。

示例：外边距的设置方法。

示例代码如下：

```html
<!DOCTYPE html>
<html lang="en">
<head>
  <meta charset="UTF-8">
  <title>Document</title>
  <style>
    div{
      width: 100px;
      height: 100px;
      border:2px green solid;
    }
    .d2{
      margin-top: 20px;
      margin-right: auto;
      margin-bottom: 40px;
      margin-left: 10px;
```

```
    }
  </style>
</head>
<body>
  <div class="d1"></div>
  <div class="d2"></div>
  <div class="d3"></div>
</body>
</html>
```

代码运行的显示效果如图10-2所示。

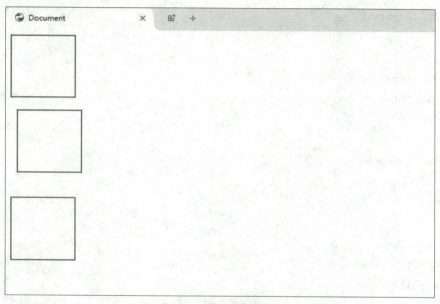

图 10-2　外边距设置效果

以上代码中设置第2个div的外边距为上外边距20 px、右外边距自动、下外边距40 px、左外边距10 px，在代码中是逐条属性设置的，这种写法可以简写为：

```
.d2{
margin:20px auto 40px 10px;
}
```

外边距除了这样简单的使用之外，还可以利用外边距让块级元素实现水平居中的效果。具体实现思路就是不考虑上下边距，只需设置左右边距自动即可。

代码如下：

```
<!DOCTYPE html>
```

```
<html lang="en">
<head>
  <meta charset="UTF-8">
  <title>Document</title>
  <style>
    div{
      width: 100px;
      height: 100px;
      border:2px green solid;
    }
    .d2{
      margin:20px auto;
    }
    .d3{
      width: 400px;
      height: 300px;
    }
    .d4{
      margin:10px auto;
    }
  </style>
</head>
<body>
  <div class="d1"></div>
  <div class="d2"></div>
  <div class="d3">
    <div class="d4"></div>
  </div>
</body>
</html>
```

代码运行的显示效果如图10-3所示。

　　以上代码中，第2个div设置为页面的居中显示，在第3个div中又嵌套了一个div（第4个div），并且第4个div也设置了居中显示。

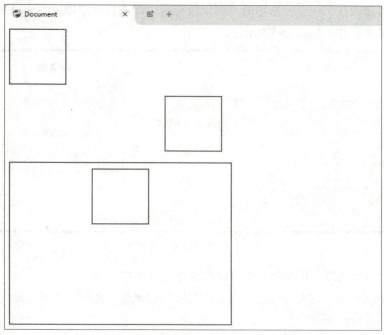

图 10-3　外边距设置效果

■ 10.1.3　外边距合并

外边距合并（叠加）是一个很简单的概念，但是，在实践中对网页进行布局时，它会造成许多混淆。

简单地说，外边距合并指的是当两个垂直外边距相遇时，它们将形成一个外边距。合并后的外边距的高度等于两个发生合并的外边距的高度中的较大者。

当一个元素出现在另一个元素上面时，第1个元素的下外边距与第2个元素的上外边距会发生合并，如图10-4所示。

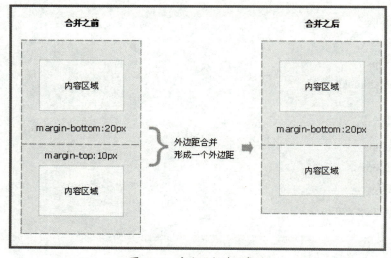

图 10-4　外边距合并示意图

当一个元素包含在另一个元素中时（假设没有内边距或边框把外边距分隔开），它们的上/下外边距也会发生合并，如图10-5所示。

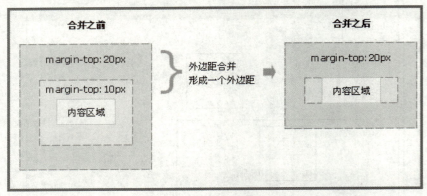

图 10-5 外边距合并示意图

尽管看上去有些奇怪，但是外边距可以与自身发生合并。

假设有一个空元素，它有外边距，但是没有边框或填充，此时，上外边距与下外边距就碰到了一起，它们会发生合并。

示例：合并外边距。

示例代码如下：

```
<!DOCTYPE html>
<html lang="en">
<head>
  <meta charset="UTF-8">
  <title>Document</title>
  <style>
    .container{
      width: 300px;
      height: 300px;
      margin:50px;
      background: pink;
    }
    .content{
      width: 150px;
      height: 150px;
      margin:30px;
      background: green;
    }
  </style>
```

```
</head>
<body>
  <div class="container">
    <div class="content"></div>
  </div>
</body>
</html>
```

代码运行的显示效果如图10-6所示。

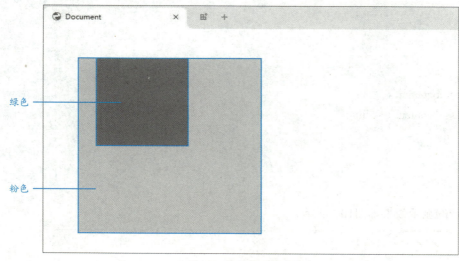

图 10-6　外边距合并效果

以上代码中对容器div（父级）和内容div（子级）分别设置了外边距，但是父级div的边距要大于子级div的边距，这时它们的外边距也产生合并的现象。实际上，在页面布局当中有时候是不希望发生这种外边距合并现象的，尤其是在父级元素与子级元素产生外边距合并的时候。下面介绍一个很简单的小技巧，可以消除外边距合并带来的困扰。

消除外边距合并的代码如下：

```
<!DOCTYPE html>
<html lang="en">
<head>
  <meta charset="utf-8">
  <title>Document</title>
  <style>
    .container{
      width: 500px;
      height: 500px;
```

```
    margin:50px;
    background: pink;
    border:1px solid blue;          /*添加border属性设置*/
    }
    .content{
    width: 200px;
    height: 200px;
    margin:30px;
    background: green;
    }
  </style>
</head>
<body>
  <div class="container">
    <div class="content"></div>
  </div>
</body>
</html>
```

代码运行的显示效果如图10-7所示。

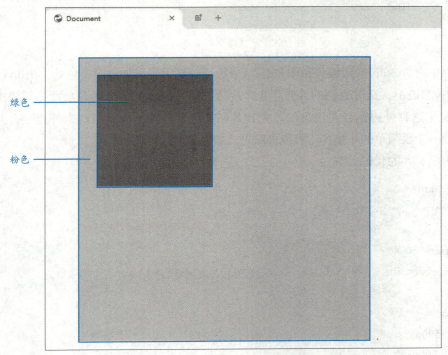

图 10-7　消除外边距合并效果

上面的代码只是在父级容器中添加了一个1 px的边框即解决了外边距合并的问题，方法是很简单的。

外边距合并的现象其实也是有其必要性的。例如，<p>标签元素与生俱来就是拥有上下8 px的外边距的。由于外边距的合并才使得一系列的段落元素占用的空间非常小。

以由几个段落组成的典型文本页面为例。第1个段落上面的空间等于段落的上外边距；如果没有外边距合并，后续所有段落之间的外边距都将是相邻上外边距和下外边距的和，这意味着段落之间的空间是页面顶部的两倍；如果发生外边距合并，段落之间的上外边距和下外边距就合并在一起，这样各处的距离就一致了。图10-8所示为段落外边距合并示意图。

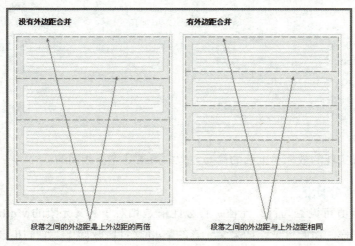

图 10-8　段落外边距合并示意图

■10.1.4　内边距设置

元素的内边距在边框和内容区之间，控制该区域的属性是padding属性。padding属性用于定义元素边框与元素内容之间的空白区域。padding属性值可以接受长度值或百分比值，但不允许使用负值。

语法描述：

```
padding: <length> | <percentage> | auto | initial | inherit;
```

属性值说明：

- **<length>**：绝对长度（单位为px、cm、mm）或相对长度（单位为em、rem）值。
- **<percentage>**：相对于包含块的宽度或高度的百分比。
- **auto**：浏览器自动计算。
- **initial**：将属性设置为其默认值0。
- **inherit**：从其父元素继承。

例如，如果希望所有h1元素的各边都有10 px的内边距，代码只需设置如下：

```
h1 {padding: 10px;}
```

还可以按照上、右、下、左的顺序分别设置各边的内边距，各边均可以使用不同的单位或百分比值。例如：

```
h1 {padding: 10px 0.25em 2ex 20%;}
```

1. 单边内边距属性

padding属性的4个边可以通过4个单独的属性分别设置，4个边的属性分别为padding-top（上内边距）、padding-right（右内边距）、padding-bottom（下内边距）、padding-left（左内边距）。

例如：

```
h1 {
padding-top: 10px;
padding-right: 0.25em;
padding-bottom: 2ex;
padding-left: 20%;
}
```

这种分别设置实现的效果与上面的简写方式的效果是完全相同的。

2. 内边距的百分比值

元素的内边距值可设置为百分比值。百分比值是相对于其父元素的width属性值计算的，这一点与外边距一样。由此可见，如果父元素的width属性值改变了，它们也会改变。

例如：

```
p {padding: 10%;}          /*段落的内边距设置为父元素宽度的10%*/
```

如果一个段落的父元素是div元素，那么它的内边距要根据div的width属性值计算。例如：

```
<div style="width: 200px;">
  <p style="padding: 10%;">This paragragh is contained within a DIV that has a width of 200 pixels.</p>
</div>
```

在CSS盒子模型中，上下内边距（padding-top和padding-bottom）与左右内边距（padding-left和padding-right）可以独立设置，它们的值不必相同。特别需要注意的是，当使用百分比作为内边距单位时，不论是上下内边距还是左右内边距，其计算都是基于父元素的宽度而非高度。这一点在设计布局时尤为重要，需谨慎应用，以避免布局混乱。

10.2　弹性盒子

弹性盒子由弹性容器（flex container）和弹性盒子元素（flex item）组成，它是通过设置display 属性的值为flex或inline-flex将其定义为弹性容器的。弹性容器内包含了一个或多个弹性子元素。弹性盒子只定义了弹性子元素如何在弹性容器内布局，弹性子元素通常在弹性盒子内的一行中显示，默认情况是每个容器只有一行。

■ 10.2.1 弹性盒子基础

弹性盒子（flexible box或flexbox）是CSS3的一种新的布局模式。当页面需要适应不同的屏幕大小及设备类型时，CSS3 弹性盒子可以确保元素拥有恰当的行为。

引入弹性盒子布局模型的目的是提供一种更加有效的方式来对一个容器中的子元素进行排列、对齐和分配空白空间。

传统的Div+CSS布局方案依赖于盒子模型，并主要基于display属性，如果需要的话还会使用position和float属性。但是，这些属性应用于特殊布局非常困难（如垂直居中等），另外，这些属性对于新手来说也是极其不友好的。很多新手都弄不清楚absolute和relative值的区别，以及它们应用于元素时top、left等值到底是相对于页面还是父级元素来定位的。

2009年，W3C提出了一种新的方案——Flex布局。Flex布局可以以更加简便的方式实现各种页面布局方案。Flex在CSS3当中是有弹性的意思。flex-box即弹性盒子，用于给盒子模型以最大的灵活性。任何一个容器都可以设置成一个弹性盒子。但是需要注意的是，一旦设为Flex布局以后，子元素的float、clear和vertical-align属性都将失效。

■ 10.2.2 父级容器的设置

通过对父级元素进行一系列的设置可以起到约束子级元素排列布局的目的。可以对父级元素设置的属性有几种，下面分别介绍这些属性。

1. flex-direction

flex-direction属性规定了弹性子元素在父容器中的位置。如果元素不是弹性盒子对象的元素，则flex-direction属性不起作用。

语法描述：

```
flex-direction: row|row-reverse|column|column-reverse|initial|inherit;
```

flex-direction属性值的说明如表10-2所示。

表 10-2　flex-direction 属性值的说明

值	说　　明
row	默认值。横向从左向右排列（左对齐）
row-reverse	与row相同，但是以相反的顺序排列，即从后往前排，最后一项排在最前面（右对齐）
column	纵向排列，如一个列一样
column-reverse	与column相同，但是以相反的顺序，即从后往前排，最后一项排在最上面
initial	设置为默认值（row）
inherit	从父元素继承该属性

示例：设定项目的方向。

示例代码如下：

```html
<!DOCTYPE html>
<html lang="en">
<head>
  <meta charset="UTF-8">
  <title>Document</title>
  <style>
    .container{
      width: 1200px;
      height: 200px;
      border:5px green solid;
    }
    .content{
      width: 100px;
      height: 100px;
      background: lightpink;
      color:#fff;
      font-size: 50px;
      text-align: center;
      line-height: 100px;
    }
  </style>
</head>
<body>
  <div class="container">   /*父级容器*/
    <div class="content">1</div>   /*子级容器*/
    <div class="content">2</div>   /*子级容器*/
    <div class="content">3</div>   /*子级容器*/
    <div class="content">4</div>   /*子级容器*/
    <div class="content">5</div>   /*子级容器*/
  </div>
</body>
</html>
```

此时，并没有对父级div元素做任何关于弹性盒子布局的设置，因此得到的结果也就是默认的结果，如图10-9所示。

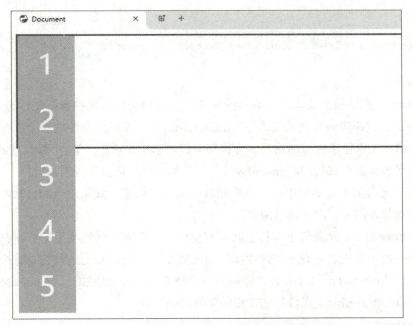

图 10-9　父级 div 默认效果

在传统的布局中，如果需要粉色的子级div进行横向排列，通常都需要使用float属性，但是float属性会改变元素的文档流，有时甚至会造成"高度塌陷"的后果，这使得使用起来不是很方便。但是，如果使用flex-direction属性来布局，则会变得非常简单。

在.container选择器中添加如下代码。

```
display: flex;
flex-direction: row;
```

代码运行的显示效果如图10-10所示。

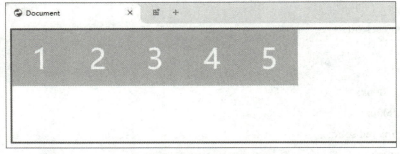

图 10-10　flex-direction 属性布局效果

2. justify-content

内容对齐（justify-content）属性应用在弹性容器上，可把弹性项沿着弹性容器的主轴线（main axis）对齐。

语法描述：

```
justify-content: flex-start | flex-end | center | space-between | space-around;
```

属性值说明：

- **flex-start**：默认值。元素位于容器的开头，弹性项向行头紧挨着填充。第1个弹性项的main-start外边距边线被置在该行的main-start边线，而后续弹性项依次平齐摆放。
- **flex-end**：元素位于容器的结尾，弹性项向行尾紧挨着填充。第1个弹性项的main-end外边距边线被置在该行的main-end边线，而后续弹性项依次平齐摆放。
- **center**：元素位于容器的中心，弹性项居中紧挨着填充。如果剩余的自由空间是负的，则弹性项将在两个方向上同时溢出。
- **space-between**：元素位于各行之间留有空白的容器内。弹性项平均分布在该行上。如果剩余空间为负或者只有一个弹性项，则该值等同于flex-start。否则，第1个弹性项的外边距和行的main-start边线对齐，而最后一个弹性项的外边距和行的main-end边线对齐，然后剩余的弹性项分布在该行上，相邻项的间隔相等。
- **space-around**：元素位于各行之前、之间、之后都留有空白的容器内。弹性项平均分布在该行上，两边留有一半的间隔空间。如果剩余空间为负或者只有一个弹性项，则该值等同于center。否则，弹性项沿该行分布，且彼此间隔相等（如间隔为20 px），同时首尾两边和弹性容器之间留有一半的间隔（1/2*20 px=10 px）。

示例：弹性容器的对齐方式。

查看justify-content属性各个值之间的区别，代码如下：

```
<!DOCTYPE html>
<html lang="en">
<head>
  <meta charset="UTF-8">
  <title>Document</title>
  <style>
    .container{
      width: 1200px;
      height: 800px;
      border:5px red solid;
      display:flex;
      justify-content: flex-start;
      justify-content: flex-end;
      justify-content: center;
      justify-content: space-between;
```

```
    justify-content: space-around;
  }
  .content{
    width: 100px;
    height: 100px;
    background: lightpink;
    color:#fff;
    font-size: 50px;
    text-align: center;
    line-height: 100px;
  }
  </style>
</head>
<body>
  <div class="container">
    <div class="content">1</div>
    <div class="content">2</div>
    <div class="content">3</div>
    <div class="content">4</div>
    <div class="content">5</div>
  </div>
</body>
</html>
```

每个值执行的显示效果如图10-11~图10-15所示。

图 10-11　默认值 flex-start 的显示效果

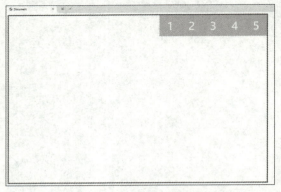

图 10-12　flex-end 的显示效果

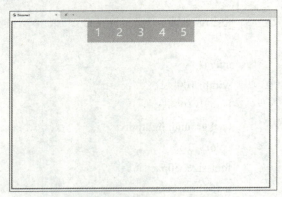

图 10-13　center 的显示效果

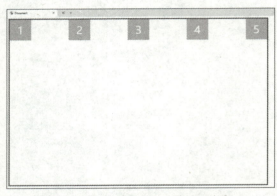

图 10-14　space-between 的显示效果

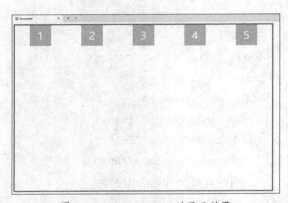

图 10-15　space-around 的显示效果

3. align-items

align-items属性用于设置或检索弹性盒子元素在侧轴（纵轴）方向上的对齐方式。
语法描述：

```
align-items: flex-start | flex-end | center | baseline | stretch;
```

属性值说明：
- **flex-start**：弹性盒子元素的侧轴（纵轴）起始位置的边界紧靠该行的侧轴起始边界。
- **flex-end**：弹性盒子元素的侧轴（纵轴）起始位置的边界紧靠该行的侧轴结束边界。
- **center**：弹性盒子元素在该行的侧轴（纵轴）上居中放置。如果该行的尺寸小于弹性盒子元素的尺寸，则会向两个方向溢出相同的长度。
- **baseline**：如果弹性盒子元素的行内轴与侧轴为同一条，则该值的效果与flex-start等效。其他情况下，该值将参与基线对齐。
- **stretch**：当侧轴大小的属性值为auto时，元素会尽量填满所在行的可用空间，同时遵循min-width、max-width、min-height和max-height属性的限制。

下面将通过案例来说明align-items属性各个值之间的区别。

示例：设置X轴上的对齐方式。

示例代码如下：

```html
<!DOCTYPE html>
<html lang="en">
<head>
  <meta charset="UTF-8">
  <title>Document</title>
  <style>
    .container{
      width: 1200px;
      height: 500px;
      border:5px red solid;
      display:flex;
      justify-content: space-around;
      align-items: flex-start;        /*设置align-items属性为flex-start*/
    }
    .content{
      width: 100px;
      height: 100px;
      background: lightpink;
      color:#fff;
      font-size: 50px;
      text-align: center;
      line-height: 100px;
    }
    .c1{
      height: 100px; }
    .c2{
      height: 150px; }
    .c3{
      height: 200px; }
    .c4{
      height: 250px; }
    .c5{
      height: 300px; }
  </style>
</head>
```

```
<body>
  <div class="container">
    <div class="content c1">1</div>
    <div class="content c2">2</div>
    <div class="content c3">3</div>
    <div class="content c4">4</div>
    <div class="content c5">5</div>
  </div>
</body>
</html>
```

代码运行的显示效果如图10-16所示。

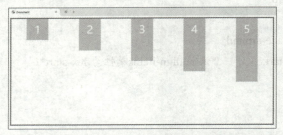

图 10-16　默认值 flex-start 的显示效果

将代码内 align-items: flex-start; 语句中的flex-start分别修改为flex-end、center、baseline，运行后的显示效果分别如图10-17～图10-19所示；将flex-start修改为stretch且将.c1～.c5的height修改为auto，运行后的效果如图10-20所示。

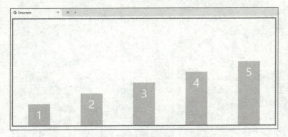

图 10-17　flex-end 的显示效果

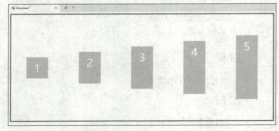

图 10-18　center 的显示效果

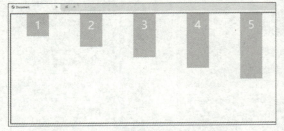

图 10-19　baseline 的显示效果

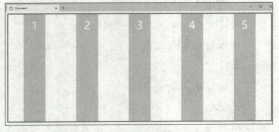

图 10-20　stretch 的显示效果

4. flex-wrap

flex-wrap属性规定flex容器是单行或者多行，同时横轴的方向决定了新行堆叠的方向。需要注意的是，若元素不是弹性盒子对象中的元素，则flex-wrap属性对其不起作用。

语法描述：

```
flex-wrap: nowrap|wrap|wrap-reverse;
```

属性说明：

- **nowrap**：默认值，指定弹性容器为单行。该情况下弹性子项可能会溢出容器。
- **wrap**：指定弹性容器为多行。该情况下弹性子项溢出的部分会被放置到新行，子项内部会发生断行。
- **wrap-reverse**：反转wrap排列。

示例：使用flex-wrap属性规定容器的行。

示例代码如下：

```html
<!DOCTYPE html>
<html lang="en">
<head>
  <meta charset="utf-8">
  <title>Document</title>
  <style>
    .container{
      width: 500px;
      height: 500px;
      border:5px red solid;
      display:flex;
      justify-content: space-around;
      flex-wrap: nowrap;  /*设置弹性盒子为单行*/
    }
    .content{
      width: 100px;
      height: 100px;
      background: lightpink;
      color:#fff;
      font-size: 50px;
      text-align: center;
      line-height: 100px;
    }
  </style>
```

```
</head>
<body>
  <div class="container">
    <div class="content">1</div>
    <div class="content">2</div>
    <div class="content">3</div>
    <div class="content">4</div>
    <div class="content">5</div>
    <div class="content">6</div>
    <div class="content">7</div>
    <div class="content">8</div>
    <div class="content">9</div>
    <div class="content">10</div>
  </div>
</body>
</html>
```

代码运行的显示效果如图10-21所示。

图 10-21　使用 flex-wrap 属性规定容器的行

由图10-21可以看出，在默认属性值nowrap的作用下，即便是内容已经完全被压缩也不会进行换行操作，所以，如果希望内容正常地显示在容器内，就应该添加换行的CSS代码。

更改代码中flex-wrap的属性值，将其改为如下代码。

```
flex-wrap: wrap;
```

此时再运行代码，显示的效果如图10-22所示。

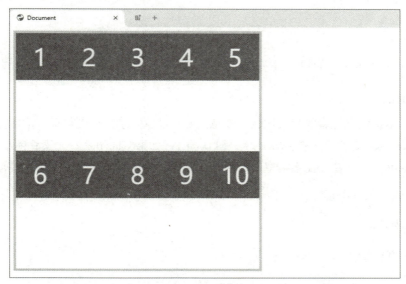

图 10-22　换行显示的效果

5. align-content

align-content属性用于修改flex-wrap属性的行为。类似于align-items属性，但它不是设置弹性子元素的对齐，而是设置各个行的对齐。

语法描述：

```
align-content: flex-start | flex-end | center | space-between | space-around | stretch;
```

属性说明：

- **flex-start**：各行向弹性盒容器的起始位置堆叠。
- **flex-end**：各行向弹性盒容器的结束位置堆叠。
- **center**：各行向弹性盒容器的中间位置堆叠。
- **space-between**：各行在弹性盒容器中平均分布。
- **space-around**：各行在弹性盒容器中平均分布，两端保留子元素与子元素之间间距大小的一半。
- **stretch**：默认值。各行将会伸展以占用剩余的空间。

■ 10.2.3　对子级内容的设置

flex-box布局不仅可以设置父级容器，也可以设置子级元素，下面介绍两个常用的设置子级元素的属性：flex（用于指定弹性子元素如何分配空间）和order（用整数值来定义排列顺序，数值小的排在前面）。

1. flex

flex属性用于设置或检索弹性盒子模型对象的子元素如何分配空间，它是flex-grow、flexshrink和flex-basis属性的简写属性。如果元素不是弹性盒子模型对象的子元素，则flex属性不起作用。

语法描述：

```
flex: flex-grow | flex-shrink | flex-basis;
```

属性值说明：

- **flex-grow**：定义元素的放大比例。默认为 0，即如果存在剩余空间，元素将不会放大。
- **flex-shrink**：定义元素的缩小比例。默认为 1，如果空间不足，元素将缩小。
- **flex-basis**：定义在分配多余空间之前，元素占据的主轴空间（即宽度或高度）。

示例：分配子元素的空间。

示例代码如下：

```html
<!DOCTYPE html>
<html lang="en">
<head>
  <meta charset="utf-8">
  <title>Document</title>
  <style>
    .container{
      width: 500px;
      height: 500px;
      border:5px green solid;
      display:flex;
      /*justify-content: space-around;*/
      flex-wrap: wrap;
    }
    .content{
      height: 100%;
      background: lightpink;
      color:#fff;
      font-size: 50px;
      text-align: center;
      line-height: 100px;
    }
    .c1{
      background: lightpink; }
    .c2{
```

```
        background: lightblue; }
    .c3 {
        background: yellowgreen; }
    .c4 {
        background: lightpink; }
    </style>
</head>
<body>
    <div class="container">
        <div class="content c1">1</div>
        <div class="content c2">2</div>
        <div class="content c3">3</div>
        <div class="content c4">45678910</div>
    </div>
</body>
</html>
```

代码运行的显示效果如图10-23所示。

图 10-23 默认子级 div 宽度的效果

由图可见，此时代码中的所有的子级div的宽度都是由自身的内容决定的，如果想要它们可以平均分配父级容器的空间，则需要在.content选择器中添加以下内容：

```
flex: 1;
```

添加代码后的运行结果如图10-24所示。

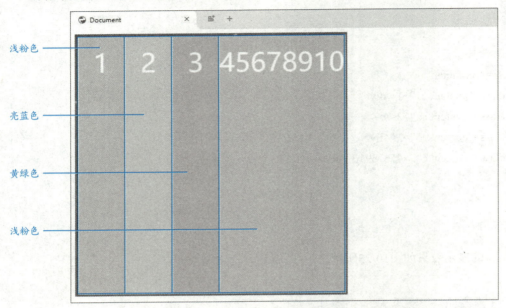

图 10-24　平均分配父级容器空间的效果

2. order

order属性用于设置或检索弹性盒子模型对象的子元素出现的顺序。如果元素不是弹性盒子对象的元素，则order属性不起作用。

语法描述：

```
order: number|initial|inherit;
```

属性说明：
- **number**：默认值是 0。规定灵活元素的顺序。
- **initial**：设置该属性为它的默认值。
- **inherit**：从父元素继承该属性。

示例：设置子元素出现的顺序。

示例代码如下：

```
<!DOCTYPE html>
<html lang="en">
<head>
```

```
<meta charset="utf-8">
<title>Document</title>
<style>
  .container{
    width: 500px;
    height: 500px;
    border:5px red solid;
    display:flex;
    justify-content: space-around;
  }
  .content{
    width: 100px;
    height: 100px;
    background: lightpink;
    color:#fff;
    font-size: 50px;
    text-align: center;
    line-height: 100px;
  }
  .c1{
    background: lightpink; }
  .c2{
    background: lightblue; }
  .c3{
    background: yellowgreen; }
  .c4{
    background: coral; }
</style>
</head>
<body>
  <div class="container">
    <div class="content c1">1</div>
    <div class="content c2">2</div>
    <div class="content c3">3</div>
    <div class="content c4">4</div>
  </div>
</body>
</html>
```

代码运行的显示效果如图10-25所示。

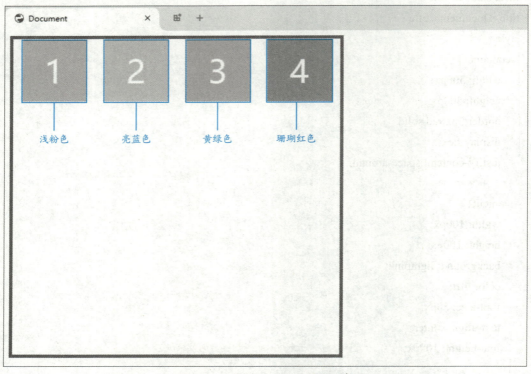

图 10-25　子级 div 默认的呈现顺序

以上代码未对子级div设置order属性，则是按正常顺序显示在页面中。当对子级div加入了order属性之后，再查看它们的排列顺序。

代码如下：

```
.c1{
background: lightpink;
order:3; }
.c2{
background: lightblue;
order:1; }
.c3{
background: yellowgreen;
order:4; }
.c4{
background: coral;
order:2; }
```

此时代码运行的显示效果如图10-26所示。

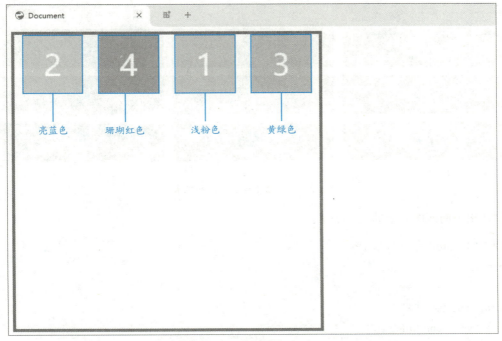

图 10-26　子级 div 顺序调整后的效果

课堂演练

根据下面两个图，运用弹性盒子知识，制作出相同的显示效果。

没有拉伸前的浏览器显示效果，如图10-27所示。

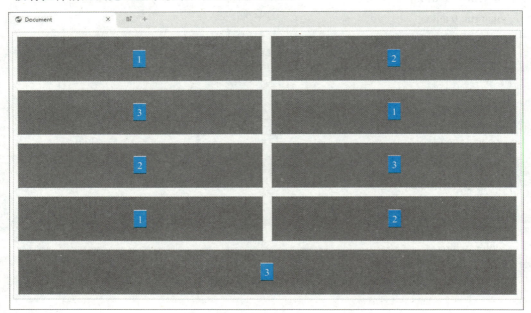

图 10-27　弹性盒子未拉伸前的效果

拉伸后浏览器的显示效果，如图10-28所示。

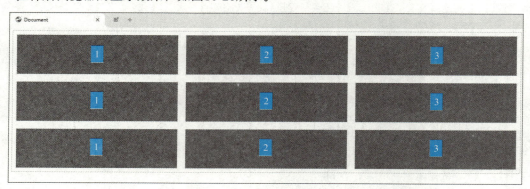

图 10-28　弹性盒子拉伸后的效果

制作出上面两图效果的代码如下：

```
<!DOCTYPE html>
<html>
<head>
  <meta charset="utf-8">
  <title>Document</title>
  <style>
    .flex-container {
      display: -webkit-flex;
      display: flex;
      width: 100%;
      overflow: hidden;
      margin: 0 auto;
      border: 1px solid  lightgrey;
      flex-wrap: wrap;
    }
    .flex-item {
      background-color: green;
      width: 380px;
      height: 100px;
      line-height: 100px;
      margin: 10px;
      text-align: center;
      color: white;
      flex-grow:1;
    }
```

```
  </style>
</head>
<body>
<div class="flex-container">
  <div class="flex-item">1</div>
  <div class="flex-item">2</div>
  <div class="flex-item">3</div>
  <div class="flex-item">1</div>
  <div class="flex-item">2</div>
  <div class="flex-item">3</div>
  <div class="flex-item">1</div>
  <div class="flex-item">2</div>
  <div class="flex-item">3</div>
</div>
</body>
</html>
```

课后作业

用CSS3设计一个比较经典的下拉菜单，设计效果如图10-29所示，参考代码详见本章示例文件。

图10-29　下拉菜单示意图

第 **11** 章

jQuery 的简单应用

内容概要

在Web开发的世界中，JavaScript是实现网页动态效果和交互功能的核心技术。jQuery作为一个功能强大且易于使用的JavaScript类库，提供了一套简洁的API，使开发者能够轻松地完成DOM（document object model，文档对象模型）操作、事件处理、动画效果以及Ajax请求等常见任务，备受Web开发者喜爱。本章将介绍jQuery的简单应用。

数字资源

【本章示例文件】："示例文件\第11章"目录下

11.1 认识jQuery

jQuery是一个快速、简洁的JavaScript类库，它使得HTML文档的遍历操作、事件处理、动画以及Ajax等操作变得简单快捷，极大地简化了JavaScript编程。

■ 11.1.1 jQuery简介

jQuery集JavaScript、CSS、DOM、Ajax于一体，是由John Resig于2006年1月创建的一个开源项目，其核心理念是"write less,do more"（用更少的代码，做更多的事情）。作为一个强大的JavaScript类库，jQuery封装了很多预定义的对象和使用函数，能帮助使用者轻松地建立高难度交互的页面，并兼容各大浏览器，便于Web前端开发者直接使用，而不需要使用JavaScript语句进行大量代码的编写。

jQuery具有的特点如下：

- **简化DOM操作**：jQuery提供了丰富的方法来创建、读取、修改和删除DOM元素，既减少了代码的编写，又大幅度提升了页面的体验度。
- **控制页面样式**：jQuery的选择器引擎允许开发者使用CSS选择器来选取DOM元素，这使得操作DOM变得非常方便和高效。
- **对页面事件的处理**：引入jQuery之后，可使页面的表现层与功能开发分离，Web前端开发者更多地专注于程序的逻辑与功能；Web前端设计人员则侧重于页面的优化与用户体验，然后通过事件绑定机制，轻松将两者结合起来。
- **Ajax支持**：Ajax是异步读取服务器数据的方法，极大地方便了程序的开发，提升了用户的体验。而引用jQuery库后，不仅完善了原有的功能，而且减少了代码的编写量，通过其内部对象或函数，就可以实现复杂的Ajax功能。

■ 11.1.2 为什么要使用jQuery

jQuery独特的选择器、链式操作、事件处理机制和封装完整的Ajax是其他JavaScript类库难以比拟的，其主要优势包括：

- **轻量级**：jQuery非常轻巧，总大小只有几十KB。当只需要它的一部分功能时，可以只包含必要的模块。
- **强大的选择器**：jQuery不仅支持包括CSS在内的多种选择器，还提供了独创的选择器，甚至Web前端开发者可以自己编写选择器。
- **出色的DOM操作封装**：jQuery封装了大量常用的DOM操作，使得DOM元素的添加、删除、修改等操作变得非常容易，即使是初学者也可以轻松掌握。
- **可靠的事件处理机制**：jQuery提供了一致的方式来添加、管理和触发事件，支持事件委托等高级功能。
- **完善的Ajax**：jQuery提供了对Ajax的内置支持，可以方便地发起异步请求，与服务器端交互数据，实现无刷新页面更新。

- **不污染顶级变量**：jQuery只创建一个名为jQuery的对象，其所有的函数方法都在该对象下，其别名$也可以随时交出控制权，不会污染其他对象。
- **出色的浏览器兼容性**：jQuery对不同的浏览器进行了出色的兼容性处理，解决了因浏览器差异导致的JavaScript开发难题。
- **链式操作方式**：jQuery中最有特色的是链式操作，即对同一个jQuery对象上的一组动作，可以直接连写而无须重复获取对象。
- **隐式迭代**：jQuery中的方法都被设计成自动操作对象集合，该操作可以去除大量的循环结构，减少代码量。
- **行为层与结构层的分离**：将行为层与结构层完全分离，使开发人员和其他设计人员的工作职能相分离，可以更好地协同操作。
- **丰富的插件支持**：jQuery有着庞大的插件库，几乎涵盖了开发者所需的各种功能扩展。
- **开源**：jQuery是一个开源的产品，允许所有用户自由使用和修改。

11.2 jQuery基础

jQuery有自己的调用方法、基本语法等，要使用jQuery，就必须了解这些基础知识。

■ 11.2.1 调用方法

jQuery不需要安装，在代码中引入即可。引入jQuery库通常有两种方式：通过CDN（content delivery network，内容分发服务）引入和本地文件引入。

1. 通过CDN引入

```
<!DOCTYPE html>
<html lang="en">
<head>
  <meta charset="UTF-8">
  <meta name="viewport" content="width=device-width, initial-scale=1.0">
  <title>Document</title>
  <!-- 通过CDN引入jQuery -->
  <script src="https://code.jquery.com/jquery-latest.min.js"></script>
  <!-- 或者指定特定版本 -->
  <script src="https://code.jquery.com/jquery-3.6.0.min.js"></script>
</head>
<body>
  <!-- 页面内容 -->
  <script>
    // 在此处编写jQuery代码
```

```
$(document).ready(function() {
    // 文档加载完成后执行的代码
    $('body').css('background-color', 'red');
});
</script>
</body>
</html>
```

2. 通过本地文件引入

```
<!DOCTYPE html>
<html lang="en">
<head>
  <meta charset="UTF-8">
  <meta name="viewport" content="width=device-width, initial-scale=1.0">
  <title>Document</title>
  <!-- 通过本地文件引入 -->
  <script src="js/jquery.min.js"></script>
</head>
<body>
  <!-- 页面内容 -->
  <script>
    // 在此处编写jQuery代码
    $(document).ready(function() {
      $('body').css('background-color', 'red');
    });
  </script>
</body>
</html>
```

其中，jquery.min.js是下载的jQuery文件，js/jquery.min.js是对应实际存储jQuery文件的位置。

■11.2.2 基本语法

jQuery的基本语法主要围绕$符号展开，该符号是jQuery的一个简写格式，无论是页面元素的选择，还是功能函数的前缀都必须使用该符号。下面是一个简单的jQuery函数示例。

```
<script>
    $(document).ready(function() {
        $('#myButton').click(function() {
            $('#myParagraph').text('段落的文本已经改变了！').css('color', 'red');
        });
    });
</script>
```

其中，$(document).ready()函数确保在文档完全加载后执行JavaScript代码。$('#myButton').click()方法用于绑定一个单击事件到按钮上。当按钮被单击时，$('#myParagraph').text()方法被调用来改变段落的文本内容，.css()方法用来改变文字颜色为红色。

■11.2.3 选择器

选择器是jQuery中非常强大的功能，可以帮助用户灵活地选择和操作HTML元素，与传统的JavaScript获取页面元素和编写事务相比，jQuery选择器的代码更简单，检测机制更完善。

根据获取元素的不同，jQuery中的选择器可以分为基本选择器、层次选择器、过滤选择器和表单选择器四大类。

1. 基本选择器

基本选择器是jQuery中最常用的选择器，它通过元素的ID、class、标签名等来查找DOM元素，其具体用法如表11-1所示。

表 11-1　基本选择器的用法

选择器	描　述	示　例
ID选择器#id	选择具有特定ID的单个元素。ID是唯一的，每个页面上的ID应该只出现一次	$('#myId') //选择ID为"myId"的元素
类选择器.class	选择具有特定类的所有元素。一个元素可以有多个类，一个类可以被多个元素使用	$('.myClass')//选择所有具有"myClass"类的元素
标签选择器element	选择所有指定类型的元素	$('p') // 选择所有p元素
通配符选择器*	选择所有元素	$('*') // 选择文档中的所有元素
并集选择器 selector1, selectorN	同时选择多个选择器指定的所有元素，可以用来一次性选择多种类型的元素	$('div, p, #myId') // 选择所有div元素、所有p元素以及ID为"myId"的元素

2. 层次选择器

层次选择器通过DOM元素间的层次关系获取元素，如父子关系、相邻关系、兄弟关系等，其具体用法如表11-2所示。

表 11-2　层级选择器的用法

选择器	描　述	示　例
后代选择器ancestor descendant	根据祖先元素匹配所有的后代元素	$("div p") // 显示div元素中所有的p元素
子代选择器parent>child	根据父元素匹配所有的子元素	$(" div>p ") // 选择div元素下的子元素p
相邻兄弟选择器prev+next	匹配所有紧接在prev元素后的相邻元素	$("#divMid+div") // 选择ID属性值为"divMid"的元素后的下一个div元素
通用兄弟选择器prev~siblings	匹配prev元素之后的所有同级元素	$("#divMid~div") // 选择ID属性值为"divMid"的元素的所有相邻div元素

需要注意的是，后代选择器的层次关系是祖先与后代，无论后代元素是直接还是间接子元素，子代选择器只选择直接子元素，不考虑更深层的后代元素。

3. 过滤选择器

过滤选择器可以根据某类过滤规则进行元素的匹配，根据过滤规则的不同可以将其细分为基本过滤选择器、内容过滤选择器、可见性过滤选择器、属性过滤选择器、子元素过滤选择器和表单过滤选择器6种。

（1）基本过滤选择器

基本过滤选择器是应用最为广泛的一种选择器，可以帮助开发者快速选取特定的元素集合，其具体用法如表11-3所示。

表 11-3　基本过滤选择器的用法

选择器	描　述	示　例
first()或:first	选择每个匹配元素集合中的第1个元素	$("p:first").addClass("highlight"); // 给页面中的第1个p元素添加highlight类
last()或:last	选择每个匹配元素集合中的最后一个元素	$("p:last").addClass("highlight"); // 给页面中的最后一个p元素添加highlight类
:not(selector)	排除匹配特定选择器的元素	$("p:not(.exclude)").addClass("highlight"); // 给页面中不含exclude类的p元素添加highlight类
:even	选择索引值为偶数的元素，索引号从0开始	$("tr:even").addClass("highlight "); // 给所有偶数行的tr元素添加highlight类
:odd	选择索引值为奇数的元素，索引号从0开始	$("tr:odd").addClass("highlight"); // 给所有奇数行的tr元素添加highlight类
:eq(index)	选择具有特定索引号的元素，索引号从0开始	$("li:eq(3)").addClass("highlight"); // 给列表中第4个li元素添加highlight类
:gt(index)	选择索引号大于指定值的元素，索引号从0开始	$("li:gt(3)").addClass("highlight"); // 给列表中索引号大于3的所有li元素添加highlight类

（续表）

选择器	描述	示例
: lt(index)	选择索引号小于指定值的元素，索引号从0开始	$("li:lt(3)").addClass("highlight"); // 给列表中索引号小于3的所有li元素添加highlight类
:header	选择所有标题类型的元素，如h1、h2……	$(":header").addClass("highlight");// 给所有的标题元素添加highlight类

（2）内容过滤选择器

内容过滤选择器基于元素的内容来选择元素，常见的内容过滤选择器如表11-4所示。

表 11-4　常见的内容过滤选择器

选择器	描述	示例
:contains(text)	选择包含指定文本的元素	$(':contains("Hi")') // 选择所有包含文本"Hi"的元素
:empty	选择没有子元素或文本的空元素	$('div:empty') // 选择所有空的div元素
:has(selector)	选择含有选择器所匹配的元素	$('div:has(p)') // 选择所有包含p子元素的div元素
:parent	选择有子元素或文本的元素	$('div:parent') // 选择所有含有子节点的div元素

（3）可见性过滤选择器

可见性过滤选择器基于元素的可见性状态选择元素，常见的可见性过滤选择器如表11-5所示。

表 11-5　常见的可见性过滤选择器

选择器	描述	示例
:hidden	选择所有不可见的元素	$("div:hidden") // 选择所有不可见的div元素
:visible	选择所有可见的元素	$("div:visible") // 选择所有可见的div元素

（4）属性过滤选择器

属性过滤选择器基于元素的属性来选择元素，常见的属性过滤选择器如表11-6所示。

表 11-6　常见的属性过滤选择器

选择器	描述	示例
[attribute]	选择包含具有指定属性的元素	$('[href]') // 选择所有带有href属性的元素
[attribute=value]	选择属性值等于给定值的元素	$('[href="#top"]') // 选择所有href属性值为"#top"的元素
[attribute^=value]	选择属性值以给定值开头的元素	$('[class^="active"]') // 选择所有class属性值以"active"开头的元素
[attribute$=value]	选择属性值以给定值结尾的元素	$('[title$="important"]') // 选择所有title属性值以"important"结尾的元素
[attribute*=value]	选择属性值包含给定值的元素	$('[data-type*="video"]') // 选择所有data-type属性值包含"video"的元素

（续表）

选择器	描 述	示 例
[attribute!=value]	选择属性值不等于给定值的元素	$('[data-status!="completed"]') // 选择所有data-status属性值不为"completed"的元素

（5）子元素过滤选择器

子元素过滤选择器基于元素的子元素位置选择元素，常见的子元素过滤选择器如表11-7所示。

表 11-7　常见的子元素过滤选择器

选择器	描 述	示 例
:nth-child(eq|even|odd|index)	选择每个父元素下的特定位置元素，索引从1开始	$("ul li:nth-child(2)") // 选择每个ul下第2个li元素
:first-child	选择每个父元素的第1个子元素	$("li:first-child") // 选择所有的列表项中作为其父元素的第1个子元素的li
:last-child	选择每个父元素的最后一个子元素	$("li:last-child") // 选择所有的列表项中作为其父元素的最后一个子元素的li
:only-child	选择每个父元素下仅有的一个子元素	$("p:only-child") // 选择没有其他兄弟节点的任何p元素

（6）表单过滤选择器

表单过滤选择器通过表单中的某个对象属性特征获取该元素，常见的表单过滤选择器如表11-8所示。

表 11-8　常见的表单过滤选择器

选择器	描 述	示 例
:enabled	选择所有启用的表单元素	$("input:text:enabled")//选择所有启用的文本输入框
:disabled	选择所有禁用的表单元素	$("input[type='submit']:disabled") // 选择所有禁用的按钮
:checked	选择所有被选中的表单元素	$("input:radio:checked") // 选择所有已选中的单选按钮
:selected	选择所有被选中项的表单元素	$("select option:selected") // 选择所有下拉列表中的选中项

4. 表单选择器

表单是网页中常见的元素，jQuery选择器中引入了表单选择器，以方便用户精准定位表单中的元素，常见的表单选择器如表11-9所示。

表 11-9　常见的表单选择器

选择器	描 述	示 例
:input	选择所有类型的input元素	$(":input") // 选取所有input、textarea、select和button元素
:text	选择所有单行文本框	$(":text") // 选取所有类型为文本的输入框

（续表）

选择器	描　　述	示　　例
:password	选择所有密码输入框	$(":password") // 选取所有密码输入框
:radio	选择所有单选按钮	$(":radio") // 选取所有单选按钮
:checkbox	选择所有复选框	$(":checkbox") // 选取所有复选框
:submit	选择所有提交按钮	$(":submit") // 选取所有提交按钮
:image	选择所有图像域	$(":image") // 选取所有图像域
:reset	选择所有重置按钮	$(":reset") // 选取所有重置按钮
:button	选择所有按钮	$(":button") // 选取所有按钮
:file	选择所有文件域	$(":file") // 选取所有类型为文件上传的输入元素

■11.2.4　事件

　　jQuery事件是指在使用jQuery库时与DOM元素相关联的用户或浏览器产生的行为。触发事件一般可以分为两个阶段：捕获和冒泡。但是，大多数浏览器并不支持捕获阶段，jQuery也不支持，因此在事件触发后，一般执行冒泡程序，即事件从最深的节点开始，然后逐级向上传播到文档的根。冒泡示例代码如下：

```
<!DOCTYPE html>
<html lang="en">
<head>
  <meta charset="utf-8">
  <meta name="viewport" content="width=device-width, initial-scale=1.0">
  <title>冒泡</title>
  <!-- 引入 jQuery (从 Microsoft CDN) -->
  <script src="https://ajax.aspnetcdn.com/ajax/jQuery/jquery-3.5.1.min.js"></script>
</head>
<body>
  <!-- 容器 div，用于演示事件冒泡 -->
  <div id="parent" style="padding: 20px; background-color: #FFED00;">
    Parent
    <!-- 子 div，嵌套在父 div 内 -->
    <div id="child" style="padding: 20px; background-color: #FF9600;">
      Child
    </div>
  </div>
  <script>
// 确保文档加载完成后执行函数
```

```
$(document).ready(function() {
   // 绑定单击事件到父 div
   $('#parent').on('click', function() {
      alert('Parent clicked!'); // 弹出提示，表明父 div 被单击
   });

   // 绑定单击事件到子 div
   $('#child').on('click', function() {
      alert('Child clicked!'); // 弹出提示，表明子 div 被单击
   });
});
   </script>
</body>
</html>
```

代码运行的显示效果如图11-1和图11-2所示，先出现图11-1的结果，然后是图11-2的结果。两个提示框会叠加在一起，这里是为了说明出现的顺序而分为两张图显示的。

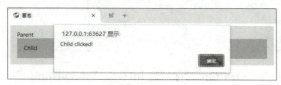

图 11-1 事件冒泡效果（1）

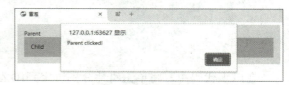

图 11-2 事件冒泡效果（2）

实际上，很多时候是不希望冒泡现象发生的。对于上述代码，只需做简单修改即可阻止冒泡现象的发生，具体代码如下：

```
<script>
$(document).ready(function() {
  $('#parent').on('click', function() {
    alert('Parent clicked!');
  });
  $('#child').on('click', function(event) {
    event.stopPropagation(); //阻止冒泡发生
    alert('Child clicked!');
  });
});
</script>
```

■ 11.2.5 常用效果

jQuery提供了许多常用效果，如显示/隐藏元素、淡入/淡出、滑动、动画等，这些效果可以让开发者轻松地在页面中添加动态交互视觉效果。

1. 显示/隐藏元素

元素的显示和隐藏是页面中使用最频繁的操作。在jQuery中，元素的显示和隐藏方式有很多，常用的是show()方法和hide()方法，其中，前者是显示页面中的元素，后者是隐藏页面中的元素。示例代码如下：

```
<script>
  $(document).ready(function() {
    $("#hideButton").click(function() {
      $("#message").hide();
    });

    $("#showButton").click(function() {
      $("#message").show();
    });
  });
</script>
```

在以上代码中，将单击事件分别绑定到ID为"hideButton"的元素和ID为"showButton"的元素上，单击时将隐藏或显示ID为"message"的元素。

2. 淡入/淡出

使用淡入/淡出可以通过创建不透明度的动画效果，平滑地显示或隐藏元素，该效果通过fadeIn()和fadeOut()方法实现。示例代码如下：

```
<!DOCTYPE html>
<html lang="en">
<head>
  <meta charset="utf-8">
  <title>淡入/淡出</title>
  <script src="https://ajax.aspnetcdn.com/ajax/jQuery/jquery-3.5.1.min.js"></script>
</head>
<body>
  <button id="fadeOut">淡出</button>
  <button id="fadeIn">淡入</button>
  <div id="message" style="display: none; background-color: #f0f0f0; padding: 20px;">淡入/淡出效果
```

```
    </div>
    <script>
        $(document).ready(function() {
            $("#fadeOut").click(function() {
                $("#message").fadeOut("slow");
            });

            $("#fadeIn").click(function() {
                $("#message").fadeIn("fast");
            });
        });
    </script>
</body>
</html>
```

代码运行的显示效果如图11-3和图11-4所示。

图 11-3 初始效果

图 11-4 单击"淡出"按钮后的显示效果

3. 滑动

在jQuery中，通过设置滑动效果也可以影响元素的显示或隐藏，该效果通过slideDown()和slideUp()方法实现。示例代码如下：

```
<!DOCTYPE html>
<html lang="en">
<head>
    <meta charset="utf-8">
    <title>滑动</title>
    <script src="https://ajax.aspnetcdn.com/ajax/jQuery/jquery-3.5.1.min.js"></script>
</head>
<body>
    <button id="slideDown">向下滑动</button>
    <button id="slideUp">向上滑动</button>
    <div id="content" style="display: none; background-color: #FFF0D1; padding: 20px; margin-top: 10px;">
```

```
    滑动显示的内容
  </div>
  <script>
    $(document).ready(function() {
      $("#slideDown").click(function() {
        $("#content").slideDown("slow");
      });

      $("#slideUp").click(function() {
        $("#content").slideUp("slow");
      });
    });
  </script>
</body>
</html>
```

代码运行的显示效果如图11-5和图11-6所示。

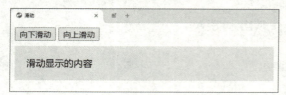

图 11-5 初始内容

图 11-6 单击"向上滑动"按钮后的显示效果

jQuery中还有一个slideToggle()方法，可以根据当前元素的显示状态自动切换。示例代码如下：

```
<!DOCTYPE html>
<html lang="en">
<head>
  <meta charset="utf-8">
  <title>滑动</title>
  <script src="https://ajax.aspnetcdn.com/ajax/jQuery/jquery-3.5.1.min.js"></script>
</head>
<body>
  <button id="toggle">滑动</button>
  <div id="panel" style="display: none; background-color: #F0F0F0; padding: 20px; margin-top: 10px;">
    滑动效果
  </div>
```

```
<script>
   $(document).ready(function() {
      $("#toggle").click(function() {
         $("#panel").slideToggle("slow");
      });
   });
</script>
</body>
</html>
```

代码运行的显示效果如图11-7和图11-8所示。

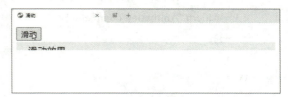

图 11-7　初始效果　　　　　　　　　　图 11-8　单击"滑动"按钮后的显示效果

4. 动画

jQuery中的animate()方法支持开发者自定义复杂的动画效果，其基本语法如下：

`$(selector).animate(properties, duration, easing, complete);`

参数说明：

- **properties**：是一个包含CSS属性和值的对象，这些属性可以通过动画来改变。
- **duration**：用于控制动画的持续时间，可以是自定义的毫秒数或字符串（如"slow" "normal"和"fast"）。
- **easing**：是缓动函数，用于控制动画的速度变化，通常为字符值"swing"或"linear"。
- **complete**：动画完成时执行的回调函数。

animate()用法的示例代码如下：

```
<!DOCTYPE html>
<html lang="en">
<head>
   <meta charset="utf-8">
   <title>jQuery动画</title>
   <script src="https://ajax.aspnetcdn.com/ajax/jQuery/jquery-3.5.1.min.js"></script>
</head>
<body>
   <button id="startAnimation">开始</button>
```

```
<div id="animatedDiv" style="width: 100px; height: 100px; background-color: #FFCE00; margin-top:
20px;"></div>
  <script>
    $(document).ready(function() {
      $("#startAnimation").click(function() {
        $("#animatedDiv").animate({
          width: "300px",
          height: "300px",
          backgroundColor: "red"  // 注意：jQuery 不支持颜色动画，除非使用 jQuery UI 或其他插件
        }, 2000, function() {
          // 回调函数，动画完成后执行
          alert("Animation complete!");
        });
      });
    });
  </script>
</body>
</html>
```

代码运行的显示效果如图11-9和图11-10所示。

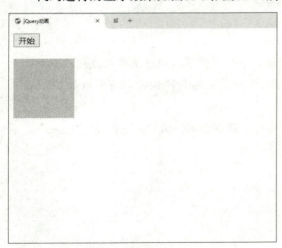

图 11-9　动画初始效果

图 11-10　动画完成效果

若想停止正在进行的动画，可以使用stop()方法，其基本语法如下：

```
$(selector).stop(stopAll, goToEnd);
```

参数说明：

● **stopAll**：用于指定是否清除队列中的所有动画，默认为false，这意味着只停止当前正在

执行的动画。

- **goToEnd**：用于指定在停止动画时是否立即完成当前动画，若设置为true，动画将跳转到其结束状态，默认为false。

stop()用法的示例代码如下：

```html
<!DOCTYPE html>
<html lang="en">
<head>
  <meta charset="utf-8">
  <title>停止动画</title>
  <script src="https://ajax.aspnetcdn.com/ajax/jQuery/jquery-3.5.1.min.js"></script>
</head>
<body>
  <button id="start">开始</button>
  <button id="stop">停止</button>
  <div id="moveMe" style="width: 50px; height: 50px; background-color: #FFA600; position: absolute;
left: 10px; margin-top: 20px; "></div>
  <script>
    $(document).ready(function() {
      $("#start").click(function() {
        $("#moveMe").animate({ left: "+=400px" }, 3000); // 向右移动400 px，持续时间3秒
      });

      $("#stop").click(function() {
        $("#moveMe").stop(); // 停止动画
      });
    });
  </script>
</body>
</html>
```

代码运行的显示效果如图11-11和图11-12所示。

图 11-11　停止动画初始效果

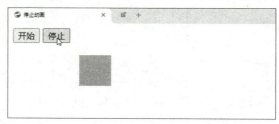

图 11-12　单击"停止"按钮后的动画效果

11.3 jQuery中的DOM操作

DOM（document object model，文档对象模型）是W3C组织推荐的处理可扩展标记语言的标准编程接口。在jQuery中，DOM操作是非常重要的部分，开发者可以通过DOM操作轻松访问并修改网页的内容和样式。

当一个网页被加载到Web浏览器中时，DOM模型会根据该页面的HTML或XML内容自动创建一个文档对象。在DOM中，每一个HTML或XML元素都被视为一个对象，这些对象具有属性和方法，属性可以反映元素的特征（如id、class等），而方法则允许执行特定的操作（如添加或删除子节点等）。在页面文档中，通过节点可实现树状模型展示页面元素和内容的操作。

■ 11.3.1 节点操作

在jQuery中，DOM节点操作包括查找节点、创建节点、插入节点、删除节点、复制节点、替换节点、包裹节点、遍历节点等，下面将对此进行介绍。

1. 查找节点

通过选择器，开发者可以轻易地在文档树中查找节点。示例代码如下：

```
var html_node = $("ul li:eq(2)"); // 选择第3个 li 元素
alert(html_node.text()); // 弹出第3个 li 元素的文本内容
```

2. 创建节点

函数$()用于动态创建页面元素，其基本语法如下：

```
$(html)
```

其中，html是一个字符串，表示要创建的HTML元素的标签。

3. 插入节点

在页面中创建节点后，需要执行节点的插入或追加操作，以便显示在页面中。jQuery提供了多种方法实现该功能，常用的方法如表11-10所示。

表 11-10 插入节点的方法

方　　法	描　　述	用法示例
.append()	将元素添加到指定元素的内部末尾	$('#con').append(Div); // 在ID为"con"的元素内部末尾添加Div
.prepend()	将元素添加到指定元素的内部开头	$('#con').prepend(Div); //在ID为"con"的元素内部开头添加Div
.after()	将元素添加到指定元素的后面	$('#ex').after(Div); // 在ID为"ex"的元素后面插入Div

（续表）

方　　法	描　　述	用法示例
.before()	将元素添加到指定元素的前面	$('#ex').before(Div); // 在ID为"ex"的元素前面插入Div
.appendTo()	将元素添加到另一个元素的末尾	Div.appendTo('#con'); // 将Div添加到ID为"con"的元素内末尾
.prependTo()	将元素添加到另一个元素的开头	Div.prependTo('#con'); // 将Div添加到ID为"con"的元素内开头

注意事项 .appendTo()和.prependTo()两个方法与.append()和.prepend()方法的功能相似，但调用方式相反，它们是从被插入元素的角度出发指定父元素的。

4. 删除节点

jQuery提供了remove()和empty()两种方法用于删除节点，其中，empty()方法仅清除元素的内部内容，而保留元素本身及其事件处理器，其基本语法如下：

```
$(selector).empty();
```

其中，selector代表选择器表达式，用于筛选出需要清空内容的元素。

在jQuery中，remove()方法用于从DOM中删除选定的元素。这个方法不仅会删除元素本身，还会移除与该元素相关联的所有事件处理程序和数据。remove()方法的基本语法如下：

```
$(selector).remove();
```

其中，selector代表选择器表达式，用于筛选出需要删除的元素。

5. 复制节点

复制节点可以通过.clone()方法实现，其基本语法如下：

```
$(selector).clone(withDataAndEvents, deepWithDataAndEvents);
```

其中，selector代表选择器表达式，用于筛选出需要复制的元素；withDataAndEvents：可选，若设为true，则复制元素的数据和事件处理器；deepWithDataAndEvents：可选，若设为true，则连同子元素的数据和事件处理器一起复制。

6. 替换节点

jQuery提供了replaceWith()方法和replaceAll()方法用于替换节点。其中，replaceWith()方法可以将所有选择的元素替换为执行的HTML或DOM元素，其基本语法如下：

```
$(selector).replaceWith(newContent);
```

其中，selector代表选择器表达式，用于筛选出要被所选元素替换的内容；newContent代表新内容，包括HTML字符串、jQuery对象或DOM元素等。

replaceAll()方法可以将所有选择的元素替换成指定的目标元素，其基本语法如下：

```
$(newContent).replaceAll(target);
```

其中，target代表目标选择器表达式，用于筛选出需要被替换的元素。

7. 包裹节点

在jQuery中，.wrap()、.wrapAll()和.wrapInner()方法可以用于包裹某个指定的节点，具体用法如表11-11所示。

表 11-11　包裹节点的方法

方　　法	描　　述	用法示例
.wrap()	给每个匹配的元素单独包裹一个结构	$('p').wrap('<div class="new-wrapper"></div>'); //使用<div>包裹每个<p>标签
.wrapAll()	将所有匹配的元素包裹在一个单一的共同的结构中	$('p').wrapAll('<div class="new-wrapper-all"></div>'); // 使用一个<div>包裹所有的<p>标签
.wrapInner()	包裹每个匹配元素的内部内容	$('p').wrapInner('<div class="inner-wrapper"></div>'); // 在每个p元素内部的内容周围包裹一个<div>标签

8. 遍历节点

遍历节点可以对统一标记的全部元素进行统一操作，这一操作可以通过.each()方法实现，其基本语法如下：

```
$(selector).each(function(index, element) { });
```

其中，selector代表选择器表达式；index代表当前元素的索引位置，从0开始计数；element代表当前正在处理的DOM元素，可使用this来代表该元素。

■11.3.2　属性操作

jQuery允许开发者对元素的属性执行获取、设置、删除等操作，这主要通过.attr()方法和.removeAttr()方法实现。

1. 获取元素属性

.attr()方法可用于获取元素的属性，其基本语法如下：

```
.attr(attributeName)
```

其中，参数attributeName表示属性的名称，以元素属性名称为参数来获取元素的属性值。用法示例如下：

```
var title = $('img').attr('title'); // 获取第1个img元素的title属性值
```

2. 设置元素属性

除了获取元素属性外，.attr()方法还可用于设置元素属性，其用于设置元素属性的基本语法如下：

```
.attr(key, value)
```

其中，参数key表示属性的名称，value表示属性的值。

若想以对象的形式一次传入多个属性及其对应的值，可以通过以下语法：

```
.attr(attributes)
```

其中，参数attributes表示一个对象，是包含属性名称和值的键值对的对象。其用法示例如下：

```
$('img').attr({
    title: 'My Image Title',
    alt: 'My Image Alt Text'
});
```

3. 删除元素属性

.removeAttr()方法可以删除元素的属性，其基本语法如下：

```
$(selector).removeAttr(attributeName);
```

其中，参数attributeName为元素属性的名称。.removeAttr()方法的用法示例如下：

```
$('#Input').removeAttr('disabled'); // 移除id为 "Input" 的元素的disabled属性，使其变为可用状态。
```

■11.3.3　样式操作

在页面中，开发者可以通过多种方式操作元素的样式，如直接设置元素样式、增加类、切换类、删除类等。

1. 直接设置元素样式

.css()方法可以直接为某个指定的元素设置样式值，其基本语法如下：

```
$(selector).css(name, value);
```

其中，name为样式名称，value为样式的值。.css()方法的用法示例如下：

```
$('#element').css('background-color', 'yellow'); // 将id为element的HTML元素的背景设置为黄色
```

2. 增加类

.addClass()方法可以增加元素类别的名称，其基本语法如下：

```
$(selector). addClass (class);
```

其中，参数class是类别的名称。若想一次添加多个类，只需在class参数中用空格分隔即可。

3. 切换类

.toggleClass()方法可以切换不同的元素类别，其基本语法如下：

```
$(selector).toggleClass(class);
```

其中，参数class是类别的名称，其功能是当元素中含有名称为class的CSS类别时，删除该类别名称，否则增加一个该名称的CSS类别。

4. 删除类

.removeClass()方法与.addClass()方法功能相对应，用于删除类别，其基本语法如下：

```
$(selector).removeClass(class);
```

其中，参数class为类别名称，该名称为可选项。当选择该名称时，将删除名称是class的类别，有多个类别时用空格隔开。若不选择该名称，将删除元素中的所有类别。

■11.3.4 内容操作

jQuery中操作DOM内容主要涉及.html()、.text() 和 .val()三个方法，下面将对此进行介绍。

1. .html()方法

.html()方法用于获取或设置元素的HTML内容。

获取HTML内容的用法示例如下：

```
var content = $('#element').html();
console.log(content); // 输出元素的内部 HTML
```

设置HTML内容的用法示例如下：

```
$('#element').html('<p>New HTML content</p>');
```

2. .text()方法

.text()方法用于获取或设置元素的文本内容，与.html()不同，.text()方法会自动转义HTML标签，确保文本内容不会被当作HTML解析。

获取文本内容的用法示例如下：

```
var text = $('#element').text();
console.log(text); // 输出元素的文本内容
```

设置文本内容的用法示例如下：

```
$('#element').text('New text content');
```

3. .val()方法

.val()方法用于获取或设置表单元素的值。

获取表单元素值的用法示例如下：

```
var value = $('#myInput').val();
console.log(value); // 输出 input 的值
```

设置表单元素值的用法示例如下：

```
$('#myInput').val('New input value');
```

11.4 jQuery常用插件

jQuery插件是以jQuery的核心代码为基础编写出的符合一定规范的应用程序。jQuery UI和jQuery Mobile是jQuery常用的两个插件。

■ 11.4.1 jQuery UI

1. jQuery UI简介

jQuery UI是一个以jQuery为基础的代码库，它提供了一整套丰富的交互式UI组件和图形特效，可以帮助开发者快速创建出高质量的Web应用程序。jQuery侧重于用户界面的体验，根据体验角度的不同，主要分为以下三部分：

- **交互**：主要包括增强HTML元素与用户的交互能力，如拖动、放置、缩放、复选、排序等，这些交互功能使得用户能够直观地动态操作网页元素。
- **组件**：jQuery UI提供了许多预先封装的界面组件，如折叠面板、日历、对话框、进度条等，这些组件可以实现丰富的功能。
- **效果库**：jQuery UI包括动画和视觉效果库，使得动画不再拘泥于animate()方法，实现复杂的UI动画效果，从而提升用户体验。

jQuery UI的最新版本可通过其官网下载获得。

2. jQuery UI的应用

Dreamweaver的"插入"面板中提供了"jQuery UI"选项卡，如图11-13所示。用户可以直接在Dreamweaver中调用它，本节将介绍其中部分常用选项。

（1）Accordion

Accordion是一个常用的插件，它可以将内容分组并以折叠的形式显示，使页面变得整洁。打开Dreamweaver软件并新建网页文档，单击"插入"面板"jQuery UI"选项卡中的"Accordion"选项即可，如图11-14所示。

图 11-13 "jQuery UI"选项卡

图 11-14　Accordion 插件效果示意图

　　用户可以自行修改其中的内容，完成后保存文件，按F12键可在浏览器中预览其效果，如图11-15和图11-16所示。

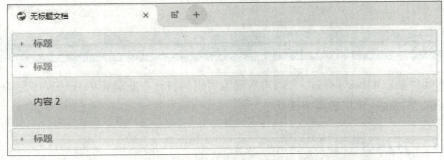

图 11-15　预览效果——展开显示

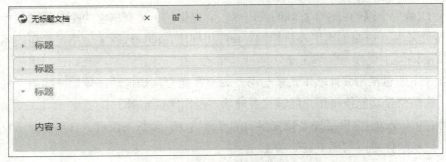

图 11-16　预览效果——折叠显示

（2）Tabs

　　Tabs可以创建具有多个选项卡的界面，这些选项卡允许用户在不同的视图或内容区域之间切换，而不需要重新加载页面。移动光标至要插入Tabs的位置，单击"插入"面板中的"Tabs"选项即可，可对其进行更改可实现丰富的效果。预览效果如图11-17和图11-18所示。

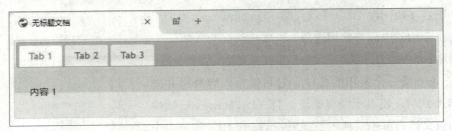

图 11-17　Tabs 预览效果——Tab1 选项卡

图 11-18　Tabs 预览效果——Tab3 选项卡

（3）Datepicker

Datepicker是一个日期选择器插件，它允许用户以交互式的方式从日历中选择日期。移动光标至要插入Datepicker的位置，单击"插入"面板中的"Datepicker"选项即可。预览效果如图11-19和图11-20所示。

图 11-19　Datepicker 预览效果 1

图 11-20　Datepicker 预览效果 2

（4）Progressbar

Progressbar插件是一个用于展示任务进度的可视化工具。它可以用来显示文件上传、数据加载或任何其他类型的任务进度。添加该插件后，在"代码"面板中进行设置即可。预览效果如图11-21所示。

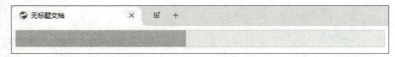

图 11-21　Progressbar 预览效果

部分示例代码如下：

```html
<body>
<div id="Progressbar1"></div>
<script type="text/javascript">
$(document).ready(function() {
  // 初始化进度条
  $("#Progressbar1").progressbar({
    value: 0,
```

```
      max: 100
   });

   //设置总时间为 10 秒
   var totalTime = 10000; // 10毫秒 * 1000
   var updateTime = 100; // 更新频率（每 100 毫秒更新一次）

   //计算每次更新应增加的进度值
   var increment = (updateTime / totalTime) * 100;

   //设置定时器定期更新进度条
   var interval = setInterval(function() {
      // 获取当前进度
      var currentValue = $("#Progressbar1").progressbar("value"); // 修正选择器

      // 更新进度
      $("#Progressbar1").progressbar("value", currentValue + increment); // 修正选择器

      // 检查是否完成
      if (currentValue >= 100) {
         clearInterval(interval);
         console.log("时间到，进度完成!");
      }
   }, updateTime);
});
</script>
</body>
```

jQuery UI选项卡中的其他插件用法和上述插件基本类似，这里不再赘述。

■ 11.4.2 jQuery Mobile

1. jQuery Mobile简介

jQuery是非常流行的JavaScript类库，一般用于Web浏览器，而jQuery Mobile则填补了jQuery在移动设备应用上的空白。jQuery Mobile专注于提供一致的用户体验，通过简化HTML5、CSS3和JavaScript的使用，使得开发响应式和触控友好的Web应用变得更加容易。

jQuery Mobile提供了非常友好的UI组件集和一个强有力的Ajax导航系统，以支持动画页面转换。jQuery Mobile的最新版本可通过其官网下载获得。

2. jQuery Mobile的应用

Dreamweaver集成了jQuery Mobile，以便用户快速设计适合大多数移动设备的Web应用程序。图11-22所示为"插入"面板中的"jQuery Mobile"选项卡，下面将介绍其中部分常用选项。

（1）页面

与jQuery UI不同，使用jQuery Mobile插件时，首先需要插入"页面"。单击"插入"面板中的"页面"选项，打开"jQuery Mobile文件"对话框，如图11-23所示。

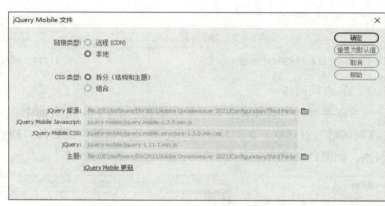

图 11-22 "jQuery Mobile"选项卡　　　　图 11-23 "jQuery Mobile 文件"对话框

"jQuery Mobile文件"对话框中部分选项作用如下：

- **链接类型**：用于设置引用方式，包括"远程（CDN）"和"本地"两种。
- **CSS类型**：用于设置CSS存放方式，选择"拆分（结构和主题）"选项，结构样式和主题样式将分别存放在两个样式表文件中；选择"组合"选项，所有CSS样式将存放在一个样式表文件中。

注意事项 高版本Dreamweaver默认一同安装了CSS和JavaScript文件，可以按照默认设置，直接"确定"应用即可。

设置完成后单击"确定"按钮，打开"页面"对话框，如图11-24所示。从中设置参数后单击"确定"按钮，将在文档中插入一个页面，如图11-25所示。在此页面中可以插入其他jQuery Mobile插件。

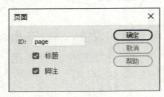

图 11-24　"页面"对话框

图 11-25　插入页面

（2）列表视图

可以在页面中插入列表视图。将光标置于jQuery Mobile页面中，单击"列表视图"选项，打开"列表视图"对话框，如图11-26所示。在该对话框中设置"列表类型""项目""拆分按钮图标"后单击"确定"按钮即可插入列表，如图11-27所示。

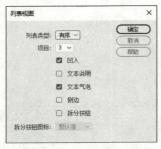

图 11-26　"列表视图"对话框

图 11-27　插入列表

（3）布局网格

可以在页面中插入网格。将光标置于jQuery Mobile页面中，单击"布局网格"选项，打开"布局网格"对话框，如图11-28所示。在该对话框中设置行、列后单击"确定"按钮即可插入网格，如图11-29所示。

图 11-28　"布局网格"对话框

图 11-29　插入网格

通过在布局网格中添加内容，可创建丰富的网页效果。

（4）可折叠区块

可折叠区块是一种用于提高页面内容组织和用户体验的交互式UI元素，它允许用户通过点击来展开或折叠内容区域，常用于创建动态且节省空间的用户界面。将光标置于jQuery Mobile页面中，单击"可折叠区块"，将自动添加可折叠区块，如图11-30所示。

```
源代码  jquery.ui.core.min.css  jquery.ui.theme.min.css  jquery.mobile.structure-1.3.0.min.css  jquery-1.11.1.min.js  jquery.mobile-1.3.0.min.js  ▼
```

jQueryMobile: page

标题

jQueryMobile: contentible-set

标题

内容

标题

内容

标题

内容

脚注

图 11-30 添加可折叠区块

"jQuery Mobile"选项卡中还包括一些其他的选项，它们的功能与表单的相应功能基本一致，用户可以自行添加试用。

课堂演练

用jQuery实现图片轮转的效果。本练习涉及的知识点包括jQuery库的调用、选择器的应用、淡入/淡出效果的应用等。

步骤 01 打开素材文件，如图11-31所示。

图 11-31 课堂演练素材

步骤 02 在\<head>\</head>标签中输入代码，调用jQuery库，具体代码如下：

```html
<head>
    <meta charset="utf-8">
    <title>行舟旅行社</title>
    <link href="style.css" rel="stylesheet" type="text/css">
    <script src="https://code.jquery.com/jquery-3.6.0.min.js"></script>
</head>
```

步骤 03 继续在\<head>\</head>标签中输入代码，制作图片切换效果。具体代码如下：

```html
<head>
<meta charset="utf-8">
<title>行舟旅行社</title>
<link href="style.css" rel="stylesheet" type="text/css">
<script src="https://code.jquery.com/jquery-3.6.0.min.js"></script>
    <script>
$(document).ready(function() {
    var images = ['01-1.jpg', '01-2.jpg'];
    var currentImageIndex = 0;

    function changeImage() {
        $('#top table tbody tr:eq(1) td img').fadeOut(1000, function() {
            currentImageIndex = (currentImageIndex + 1) % images.length;
            $(this).attr('src', images[currentImageIndex]).fadeIn(1000);
        });
    }

    // 开始轮转，每3秒切换一次图片
    setInterval(changeImage, 3000); //3000 ms
});
</script>
</head>
```

演示效果如图11-32和图11-33所示。

图 11-32　课堂演练效果 1

图 11-33　课堂演练效果 2

完整代码如下：

```html
<!doctype html>
<html>
<head>
  <meta charset="utf-8">
  <title>行舟旅行社</title>
  <link href="style.css" rel="stylesheet" type="text/css">
  <script src="https://code.jquery.com/jquery-3.6.0.min.js"></script>
  <script>
    $(document).ready(function() {
      var images = ['01-1.jpg', '01-2.jpg'];
      var currentImageIndex = 0;

      function changeImage() {
        $('#top table tbody tr:eq(1) td img').fadeOut(1000, function() {
          currentImageIndex = (currentImageIndex + 1) % images.length;
          $(this).attr('src', images[currentImageIndex]).fadeIn(1000);
        });
      }

      // 开始轮转，每3秒切换一次图片
      setInterval(changeImage, 3000);
    });
  </script>
</head>
<body>
<div id="box">
 <div id="top">
  <table>
   <tbody>
    <tr>
     <td><img src="nav.png" alt=""/></td>
    </tr>
    <tr>
     <td><img src="01-1.jpg" alt=""/></td>
    </tr>
```

```html
      </tbody>
    </table>
  </div>
  <div id="main">
    <div class="txt" id="left">热门路线
      <ul>
        <li><img src="02.jpg" width="200" height="200" alt=""/></li>
        <li><img src="03.jpg" width="200" height="200" alt=""/></li>
        <li><img src="04.jpg" width="200" height="200" alt=""/></li>
      </ul></div>
    <div class="txt" id="right">旅行指南
      <ul>
      <li>背包客秘籍</li>
        <li>摄影胜地</li>
        <li>全球美食手册</li>
        <li>小众旅行路线</li>
        <li>全球文化欣赏</li>
        <li>自然徒步</li>
        <li>城市之美</li>
        <li>静谧之处</li>
        <li>短途旅行指南</li>
        <li>绿色之旅</li>
        <li>……</li>
      </ul>
    </div>
  </div>
  <div id="footer">Copyright&copy;2024 行舟旅行社</div>
</div>
</body>
</html>
```

对应的CSS文件内容如下：

```css
@charset "utf-8";
#box {
  margin: auto;
  width: 960px;
```

```
    }
 #top table {
      width: 960px;
      border-collapse: collapse;
    }
#top table tbody tr td {
      padding: 0;
    }
#main {
    width: 940px;
    margin: 10px;
    height: 300px;
}
#left {
    width: 710px;
    height: 280px;
    float: left;
    margin-top: 10px;
    margin-left: 10px;
    margin-bottom: 10px;
    margin-right: 5px;
}
.txt {
    color: #00c6ff;
    font-family: "思源黑体";
    font-weight: bolder;
    font-size: 24px;
    line-height: 40px;
    letter-spacing: 2px;
}
#left ul li {
    width: 200px;
    display: inline;
    margin-top: 5px;
    margin-bottom: 5px;
    margin-left: 5px;
```

```
      margin-right: 5px;
      float: left;
      text-align: center;
}
#right ul li {
      font-family: "思源黑体";
      font-size: 12px;
      letter-spacing: 0px;
      line-height: 20px;
      font-weight: normal;
      color: #000000;
}
#right {
      margin-left: 5px;
      margin-top: 10px;
      margin-bottom: 10px;
      margin-right: 10px;
      float: left;
      width: 200px;
      height: 280px;
}
#footer {
      color: #FFFFFF;
      font-family: "思源黑体";
      text-align: center;
      font-weight: bold;
      font-size: 16px;
      line-height: 40px;
      background-color: #00c6ff;
}
```

　　至此，完成了图片轮转效果的制作。

课后作业

　　用jQuery实现进度条加载后显示图像的效果，如图11-34和图11-35所示。涉及的知识点包括jQuery库的调用、选择器的应用等，参考代码详见本章示例文件。

图 11-34　进度条加载

图 11-35　显示图像

参考文献

[1] 储久良. Web前端开发技术: HTML5、CSS3、JavaScript: 题库·微课视频版[M]. 4版. 北京: 清华大学出版社, 2023.

[2] 储久良. Web前端开发技术实验与实践: HTML5、CSS3、JavaScript[M]. 4版. 北京: 清华大学出版社, 2023.

[3] 李洪建. Web前端开发基础[M]. 北京: 高等教育出版社, 2023.

[4] 张鑫旭. HTML并不简单: Web前端开发精进秘籍[M]. 北京: 电子工业出版社, 2024.

[5] 前端科技. Web前端开发全程实战: HTML5+CSS3+JavaScript+jQuery+Bootst[M]. 北京: 清华大学出版社, 2022.

[6] 刘兵. 轻松学Web前端开发: HTML5+CSS3+JavaScript+Vue.js+jQuery: 视频·彩色版[M]. 北京: 中国水利水电出版社, 2020.